CANON

DES PROPORTIONS

DU

CORPS HUMAIN

PAR

PAUL RICHER

CHEF DE LABORATOIRE A LA FACULTÉ DE MÉDECINE

ANCIEN INTERNE DES HÔPITAUX

LAURÉAT DE L'ASSISTANCE PUBLIQUE, DE LA FACULTÉ ET DE L'ACADÉMIE DE MÉDECINE

LAURÉAT DE L'INSTITUT DE FRANCE

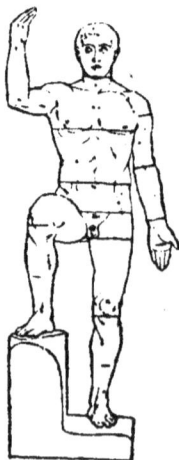

PARIS

LIBRAIRIE CH. DELAGRAVE

15, RUE SOUFFLOT, 15

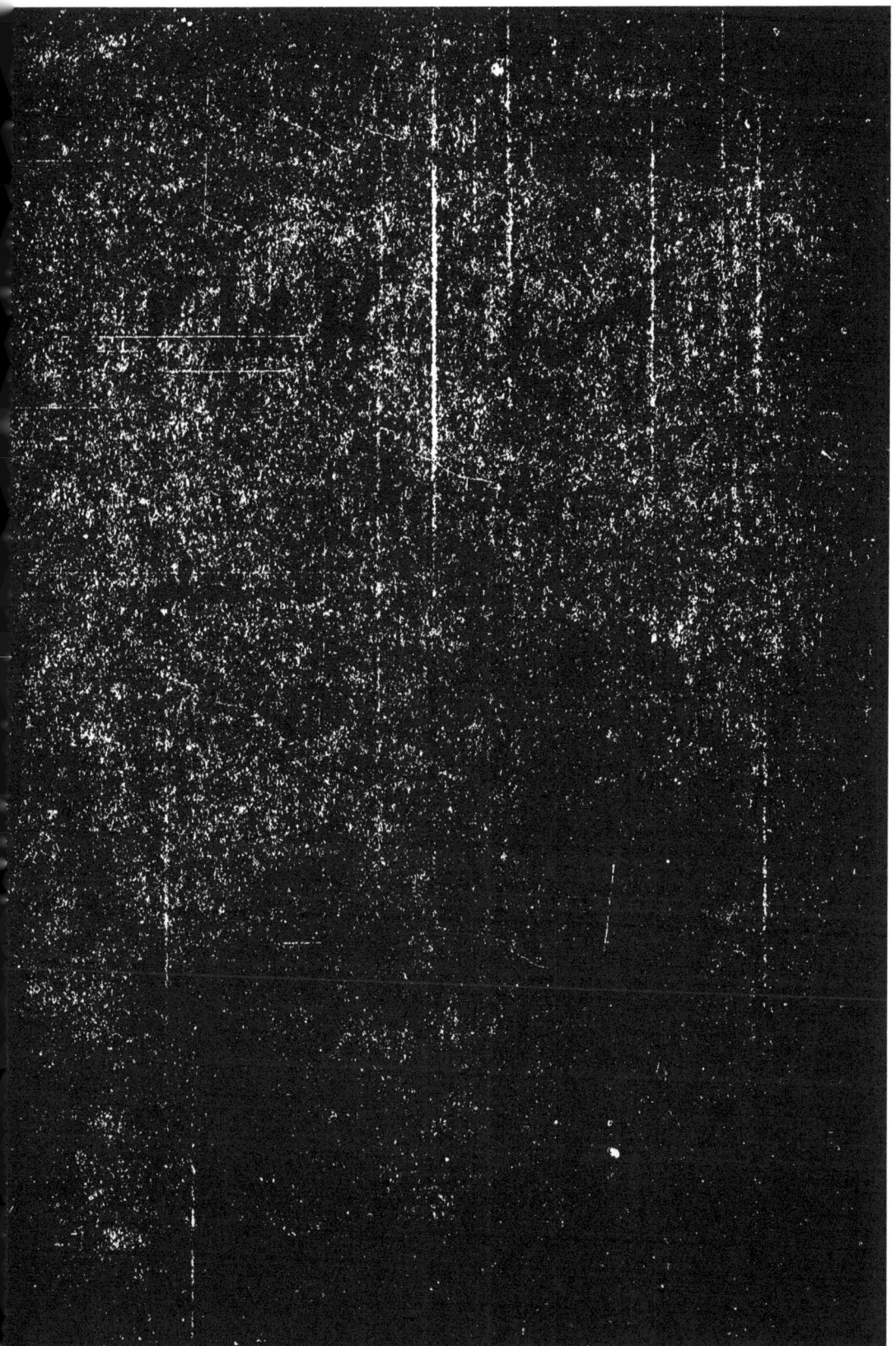

CANON

DES PROPORTIONS

DU

CORPS HUMAIN

DU MÈME AUTEUR

Anatomie artistique. — Description des formes extérieures du corps humain au repos et dans les principaux mouvements. In-4° avec 110 planches renfermant plus de 300 figures dessinées par l'auteur. — Paris, Plon, éditeur, 1890.

Les démoniaques dans l'art (en collaboration avec M. le P. Charcot), in-4° avec 67 figures. — Paris, Delahaye et Lecrosnier, éditeurs, 1887.

Les difformes et les malades dans l'art (en collaboration avec M. le P. Charcot), in-4° avec figures. — Paris, Lecrosnier et Babé, éditeurs, 1889.

Coulommiers. — Imp. P. Brodard.

CANON

DES PROPORTIONS

DU

CORPS HUMAIN

PAR

PAUL·RICHER

CHEF DE LABORATOIRE A LA FACULTÉ DE MÉDECINE
ANCIEN INTERNE DES HÔPITAUX
LAURÉAT DE L'ASSISTANCE PUBLIQUE, DE LA FACULTÉ ET DE L'ACADÉMIE DE MÉDECINE
LAURÉAT DE L'INSTITUT DE FRANCE

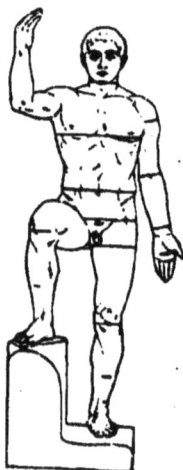

PARIS

LIBRAIRIE CH. DELAGRAVE

15, RUE SOUFFLOT, 15

1893

CANON DES PROPORTIONS
DU CORPS HUMAIN

AVANT-PROPOS

Dans un livre sur l'Anatomie artistique [1], publié il y a déjà deux ans, j'ai abordé l'étude des proportions du corps humain et j'ai attiré l'attention sur un type de proportions moyennes qui me paraissait réunir les commodités des canons artistiques à la précision des recherches scientifiques. Cette tentative a été favorablement appréciée par un homme dont la compétence est grande en ces matières, par M. E. Guillaume, de l'Institut; et je demande la permission de reproduire ici quelques lignes du rapport qu'il a lu à l'Académie des Beaux-Arts, au sujet de mon ouvrage :

[1]. *Anatomie artistique.* — *Description des formes extérieures du corps humain au repos et dans les principaux mouvements.* In-4° avec 110 planches renfermant plus de 300 figures. — Plon, éditeur, 1890.

«.... M. le Dᵣ Paul Richer, dit-il, termine son ouvrage en traitant des proportions du corps humain ; à ce sujet il fournit un ensemble de données dans lesquelles il associe très sagement aux traditions empiriques de nos ateliers, traditions qu'il contrôle et redresse au besoin, des observations physiologiques qui assurent aux règles de la mensuration du corps une autorité dont elles étaient dépourvues avant d'avoir été ainsi revisées. »

Depuis cette époque, de nouvelles recherches sont venues confirmer et compléter mes premiers travaux, et j'ai pensé que le moment était venu de reprendre cette intéressante question des proportions humaines et d'en faire l'objet d'un ouvrage à part. J'ai tenu à le faire simple, court, précis. J'ai négligé à dessein tout exposé historique et théorique pour aborder cette étude par son côté essentiellement pratique.

Dans cette intention, je n'ai pas voulu m'en tenir aux descriptions et aux représentations graphiques ; j'ai, en outre, modelé une figure représentée planches I, II et III, qui porte sur elle toutes les mesures du type moyen.

Les artistes ont entre les mains de nombreuses statues d' « écorchés » dont ils sont unanimes à reconnaître l'utilité malgré les atlas et les traités d'anatomie où la musculature est figurée avec détails. Peut-être une statuette représentant les proportions du corps humain est-elle appelée, dans un autre ordre d'idées, à leur rendre aussi quelques services.

En résumé, j'ai cherché, dans ce court opuscule, aussi bien que dans la statue qui l'accompagne, à mettre à la disposition des artistes, au sujet des proportions humaines, les acquisitions les plus sûres et les plus récentes de la science.

Pour ceux qui pourraient contester l'opportunité d'une semblable tentative et concevoir quelques craintes de cette sorte d'invasion de la science dans l'art, je tiens à bien nettement préciser l'esprit dans lequel mon travail a été poursuivi et le but que je me suis proposé. A cet effet, je ne saurais mieux faire que de reproduire ici une lettre que m'a fait l'honneur de m'adresser, à ce propos, l'éminent peintre-statuaire Gérôme, et qui a le grand avan-age de poser, avec la plus grande clarté, les termes

de la question. Je la ferai suivre de la réponse que
je me suis empressé de lui adresser.

Lettre de M. Gérôme.

Paris, 15 février 1892.

Cher monsieur,

J'ai repassé dans ma mémoire la conversation
que nous avons eue au sujet du canon que vous
avez trouvé d'après une moyenne résultante d'une
grande quantité de mensurations et, je dois le dire,
vos recherches à cet égard sont tout à fait curieuses
et d'un haut intérêt; mais, s'il est nécessaire que
chaque peintre ou sculpteur en ait connaissance,
pour être bien renseigné sur les différentes parties
comparées du corps humain, il est plus nécessaire
encore qu'il les oublie quand il a le crayon ou
l'ébauchoir à la main, car ce canon n'est que scientifique; il n'est, ne doit et ne peut être que scientifique. Si par malheur un artiste s'en servait pour
l'appliquer à ses ouvrages, ses productions seraient
toutes identiques à elles-mêmes, n'auraient aucune
individualité et partant, point de vie.

Ce que vous avez fait pour les grandes dimensions, on le pourrait faire aussi pour la tête, en dégageant la moyenne, et je prends cet exemple pour me bien faire entendre. Voyez un peu où en arriverait un sculpteur chargé de faire un portrait ressemblant avec ce canon, car vous savez aussi bien que moi que la ressemblance des choses est surtout une question de rapport dans les mesures : la grandeur des yeux relativement au nez et à la bouche, la distance du nez à l'oreille, la situation de cette oreille, son plus ou moins d'écartement, la hauteur de la tête relativement à la largeur et, en fin de compte, la valeur de chacun des détails, comparés au masque, à la boîte crânienne et à la masse entière.

Je tenais à vous envoyer ces quelques observations pour qu'il soit bien acquis (et il le faut claire-ment expliquer) que le canon n'est pas applicable aux œuvres d'art et qu'il n'est qu'un renseignement scientifique.

Veuillez agréer, cher monsieur, avec mes plus cordiales salutations, l'assurance de mes sen-timents les meilleurs.

Signé : GÉRÔME.

Lettre du Dr Paul Richer à M. Gérôme.

Paris, 22 février 1892.

Cher et illustre maître,

Je suis vraiment bien touché de l'intérêt que vous voulez bien porter à mes travaux et je m'empresse de vous rassurer pleinement au sujet de l'usage que les artistes doivent faire du canon dont je vous ai entretenu l'autre jour. Les réflexions que vous me soumettez viennent, à ma grande satisfaction, confirmer en tous points mes idées à cet égard. Voulez-vous me permettre quelques lignes de réponse qui vous exposeront plus complètement ma pensée.

Comme vous, je ne pense pas qu'un canon artistique, quel qu'il soit, puisse être pour l'artiste une règle immuable à laquelle il conforme toutes ses œuvres. Une telle pratique ne pourrait conduire qu'à la monotonie des productions artistiques et à la suppression de toute vie et de toute originalité. Mais est-ce à dire que l'artiste doive tout ignorer en matière de proportion? Consultez le maître par excellence, la nature, lui dira-t-on; elle contient tous les enseignements. Certes l'on a raison; mais il n'est pas moins vrai que l'éducation sera longue si le jeune artiste n'est point guidé par la connaissance des règles générales qui régissent les rapports des diverses parties du corps entre elles.

Et que peuvent être ces règles générales, si ce n'est une abstraction, une sorte de moyenne basée sur l'observation d'un nombre considérable d'individualités, qui ne représente exactement aucune de ces individualités et cependant se rapproche le plus de toutes à la fois? Telles sont les considérations qui m'ont guidé dans la recherche du type que je vous ai soumis. Parce qu'il ne procède d'aucune école artistique, parce qu'il a été conçu en dehors de toute préoccupation esthétique, parce qu'il n'est en définitive qu'une moyenne scientifique, il me semble qu'il reproduit les seules proportions à enseigner à l'artiste, non bien entendu pour qu'il les reproduise dans ses œuvres, mais pour lui servir de guide en face de la nature, pour lui permettre d'apprécier en toute connaissance les proportions du modèle qu'il aura sous les yeux en les comparant à la moyenne et en constatant dans quel sens elles s'en éloignent. Quant à savoir dans quelle mesure, l'artiste peut s'éloigner de ce type moyen, c'est affaire où je n'ai rien à voir. De ce que, par exemple, le type moyen offre sept têtes et demie de haut, je ne prétends point qu'il faille proscrire les types de huit, de neuf et même de dix têtes, comme on en rencontre dans l'œuvre des maîtres de la Renaissance. C'est affaire de goût et d'idéal artistique. L'artiste, en effet, peut m'objecter avec raison que la moyenne n'est point son fait, que ce qu'il cherche, dans les modèles que lui offre la nature, c'est plus l'exception que la règle, plus l'individu que le type, plus les extrêmes que la moyenne.

A cela évidemment je n'ai rien à dire, si ce n'est que la connaissance de la règle lui permettra de mieux juger des exceptions, la connaissance du type accentuera les caractères des individus et la connaissance de la moyenne donnera une plus juste notion des extrêmes.

Voilà, cher maître, si je ne me trompe, l'idée que je me fais des services que peut rendre aux artistes mon essai sur les proportions humaines. Vous m'excuserez d'avoir abusé de votre attention en vous écrivant si longuement, votre bienveillance qui m'est connue en est la cause, et je vous prie de croire aux sentiments avec lesquels je suis votre admirateur bien sincère et bien respectueusement dévoué.

Signé : Paul Richer.

GÉNÉRALITÉS

Lorsqu'on étudie l'histoire des « canons artistiques », on est d'abord frappé du nombre et de l'étendue des travaux auxquels ils ont donné lieu. Les plus grands artistes ont cherché à fixer dans un type les proportions du corps humain. Il suffit de citer les noms de Polyclète, Lysippe, Michel-Ange, Léonard de Vinci, Albert Dürer, Jean Cousin, etc., pour montrer à quel point la solution d'un tel problème intéresse les choses de l'art. Puis bientôt, ce qui ne frappe pas moins, ce sont les divergences d'opinion des différents auteurs, les écarts parfois considérables qui existent entre les règles données par les différents maîtres poursuivant tous un même but, la réalisation des proportions idéales du corps humain. Si bien que le contraste devient saisissant entre la constance de l'effort et la variabilité du résultat.

Après tout, la chose n'est pas pour surprendre. Les canons artistiques nés sous l'empire d'idéals d'art différents sont nécessairement variables et pour ainsi dire individuels. Ils représentent, en matière d'art, tout au plus un groupe, une école, et pour ce motif, aucun d'eux ne saurait s'imposer ni être universellement accepté. Chaque artiste, suivant son tempérament, se crée sa formule; et un canon artistique universellement adopté serait la pire des choses, puisqu'il emprisonnerait dans un moule unique les formes de l'art et entraverait tout essor individuel. Comme toute formule exclusive en art, un canon artistique unique, quel qu'il soit, doit donc être condamné.

Est-ce à dire que toute étude sur les proportions du corps humain doive être supprimée et que l'artiste n'ait plus, à ce sujet, qu'à suivre sa fantaisie ou se livrer à son inspiration? Évidemment non.

L'artiste a d'abord pour se guider les œuvres des maîtres, depuis la célèbre figure de Polyclète jusqu'aux productions de l'art moderne en passant par

les maîtres de la Renaissance. Il y trouvera réa-
lisés les genres de beauté les plus divers. Et l'on
peut dire que les vrais, les seuls canons artistiques
sont les chefs-d'œuvre de l'art, ou mieux, que tout
chef-d'œuvre devient un modèle de proportions
pour le genre de beauté qu'il exprime. C'est donc
dans la fréquentation des maîtres que l'artiste for-
mera son goût en matière de proportion.

Mais, d'autre part, l'artiste ne doit-il pas aussi
consulter le maître des maîtres, la nature, et alors,
en dehors de toute préoccupation d'esthétique, une
simple question se pose : quelles sont dans la nature
les proportions du corps humain? C'est à la science
d'y répondre. Mais, prise par son côté scientifique,
la question des proportions du corps humain est
éminemment complexe, et ainsi que l'a fait remarquer le Dr Topinard, ce n'est plus un type unique
qu'il s'agit de rechercher dans l'espèce humaine,
mais autant de types qu'il y a de races différentes.
De plus, ces types ne peuvent être établis que sur
des moyennes reposant sur un nombre considérable
de mensurations qui présentent elles-mêmes de
réelles difficultés. Néanmoins les documents qui

existent aujourd'hui sur la race blanche, qui intéresse surtout les artistes, sont assez nombreux pour
permettre d'établir un canon qui, s'il n'est pas
absolument définitif, approche suffisamment de la
vérité. La première tentative d'ensemble a été faite
pour l'homme européen par le Dᵣ Topinard, au
point de vue exclusivement scientifique et pour
servir de terme de comparaison aux recherches
anthropométriques ultérieures sur les autres
races.

C'est également par le côté scientifique que nous
avons abordé cette étude, mais en ayant soin d'y
ajouter les procédés techniques qui puissent permettre aux artistes d'utiliser des résultats autrement perdus pour eux.

Notre canon a donc été conçu en dehors de toute
recherche d'un idéal quelconque de beauté, il offre
ceci de particulier qu'il repose sur les données
scientifiques modernes et qu'il est aussi conforme
que possible à la réalité.

Mais ce type fait de moyennes n'est en somme
qu'une abstraction. Il n'est point là, hâtons-nous
de le dire, pour servir de modèle. Il est simple-

2

ment pour l'artiste un renseignement, un guide, une mesure qu'il doit connaître uniquement pour s'en éloigner ou la violenter même au besoin suivant les tendances de son inspiration ou les caprices de son génie.

Les grands maîtres ont donné l'exemple. Nous savons avec quelle passion ils étudiaient les sciences afférentes à leur art. « Étudiez la science, dit L. de Vinci, ou avant l'art, ou en même temps, pour comprendre dans quelles limites il est contraint de se renfermer. » Rien de ce qui se rapporte à la structure de la figure humaine ne peut donc laisser l'artiste indifférent. Plus il saura, plus il sera maître de ses moyens d'expression et plus son génie créateur s'exercera librement. C'est ainsi que le canon humain tel que nous le concevons, loin d'être une entrave à l'originalité et à la liberté de l'art, ne peut que lui prêter, pensons-nous, au même titre que l'anatomie, le plus utile et le plus précieux concours.

Nous pourrions néanmoins conserver à l'essai que nous soumettons aujourd'hui aux artistes la dénomination de *canon artistique*. Et ici ce qualificatif ne voudrait point dire qu'il est une forme de l'art, mais tout simplement qu'il est destiné aux artistes et, pour cette raison, construit d'après les procédés généralement en usage dans les canons artistiques, c'est-à-dire en prenant une partie du corps pour commune mesure. Il s'éloigne par là des canons dits scientifiques.

Les artistes, en effet, ont toujours cherché à réaliser un type de proportion dont toutes les parties comparées entre elles et à l'ensemble fussent dans un rapport simple. C'est la *symétrie* des Grecs, c'està-dire l'harmonie ou le rapport des membres entre eux et de chaque membre avec le corps entier. Le canon artistique porte donc dans une de ses parties son unité de mesuré ou *module*; mais, suivant les systèmes, cette unité a varié. C'est ainsi que, pour les Égyptiens, le module est le doigt médius contenu dix-neuf fois dans la hauteur du corps (Ch. Blanc); pour les Grecs, c'est le palme, c'est-àdire la largeur de la main à la racine des doigts (canon de Polyclète) et peut-être ainsi la hauteur de la tête (canon de Lysippe); pour les Romains et les artistes modernes, c'est la hauteur de la tête ou de la face seulement, et quelquefois aussi la longueur du pied.

Dans notre canon, nous avons donné la préférence à la hauteur de la tête divisée par moitié par une ligne horizontale qui passerait par l'angle interne des yeux. Il est inutile d'insister sur le rôle prépondérant que joue la tête dans la configuration du corps humain. Tout le reste lui est subordonné. C'est elle le *chef* qui fait la loi, qui commande. En matière de proportion, la suprématie doit également lui appartenir. J'ajouterai que ses proportions varient peu d'un individu à l'autre. Elles peuvent être considérées comme constantes quelle que soit la taille. Grands et petits hommes ont, à peu près, la même hauteur de tête. C'est là un point fort important et qui, dans l'espèce, devient décisif.

Si l'on mesure les statues antiques, on remarque qu'elles comptent, dans leur hauteur, sept têtes, le plus souvent sept têtes et demie et au-dessus, rarement huit têtes. La proportion de huit têtes a été adoptée par les artistes de la Renaissance, Léonard de Vinci, J. Cousin, etc...; Michel-Ange l'a souvent dépassée.

Les statistiques anthropométriques nous apprennent que la taille moyenne mesure exactement sept têtes et demie. La proportion de huit têtes peut également se rencontrer dans la nature, mais à titre d'exception et seulement chez les sujets de haute taille, à partir de 1 m. 78.

Notre type pris parmi les tailles moyennes, répond à un homme de la taille de 1 m. 65 et mesure sept têtes et demie. Nous le décrivons en premier lieu, et c'est lui qui a été l'objet principal de nos recherches. C'est à lui que se rapporte la statue représentée dans les planches I, II, et III.

Mais nous avons pensé qu'il pourrait être également utile aux artistes de connaître les proportions scientifiques des hommes de haute taille, de ceux qui répondent aux canons de Léonard de Vinci, de J. Cousin. C'est pourquoi nous avons ensuite établi un type mesurant huit têtes dans sa hauteur.

De chacun de ces deux types nous rapprocherons les canons artistiques des maîtres possédant mêmes rapports entre la hauteur totale et la hauteur de la tête, c'est-à-dire mesurant également sept têtes et demie ou huit têtes. C'est ainsi que nous serons conduit à examiner les principaux types de proportion créés par les artistes, sans qu'il soit nécessaire d'en faire ici l'histoire [1].

Nous consacrerons ensuite quelques pages aux proportions de la femme et à celles de l'enfant. A propos de ces dernières, nous donnerons un rapide aperçu des lois de la croissance, nous contentant de mettre en relief les données les plus pratiques au point de vue spécial où nous nous plaçons.

---

1. Voyez, sur ces matières, le chapitre des proportions du corps humain de notre *Anatomie artistique*, pag. 252.

CANON DE SEPT TÊTES ET DEMIE

(TYPE MOYEN)

La statue que nous avons consacrée à ce canon (Pl. I, II, III) a été conçue ainsi qu'il suit.

L'homme type est figuré debout dans la station droite. Les membres du côté gauche sont dans l'extension, la paume de la main tournée en avant, de telle sorte que la moitié gauche de l'individu correspond à l'attitude de convention des anatomistes. De ce côté, toutes les mesures de hauteur peuvent donc être prises régulièrement, dans l'attitude la plus favorable. A droite, au contraire, les membres son' fléchis afin de permettre la comparaison et de donner les mesures des divers segments des membres dans des positions différentes. Ainsi, le bras est horizontal faisant, dans le même plan, un angle de 45° environ avec l'axe transversal des épaules, pendant que l'avant-bras fléchi à angle droit est vertical, la main continuant la direction de l'avant-bras, et les doigts légèrement fléchis dans leur première articulation [1] pour permettre la mensuration du doigt médius dont nous verrons plus loin l'intérêt.

Comme le bras, la cuisse est levée horizontalement. La jambe descend verticale, et le pied repose sur un socle qui permet l'aplomb régulier du corps. En effet, dans cette attitude, le torse a une tendance à porter presque exclusivement sur la jambe qui pose à terre. Le bassin s'incline du côté du membre fléchi, et il s'établit une sorte de hanchement qui fait perdre à la taille de sa hauteur. Cette position que le modèle prend naturellement, et qui est en somme plus correcte au point de vue de l'équilibre de la station, devient, dans le cas particulier, une cause d'erreur que nous avons dû éviter. Je dois donc faire observer que, sur notre type, c'est à dessein qu'elle a été corrigée en maintenant l'horizontalité exacte du bassin ; ce que d'ailleurs le modèle réalise très facilement au

---

1. Articulation métacarpo-phalangienne.

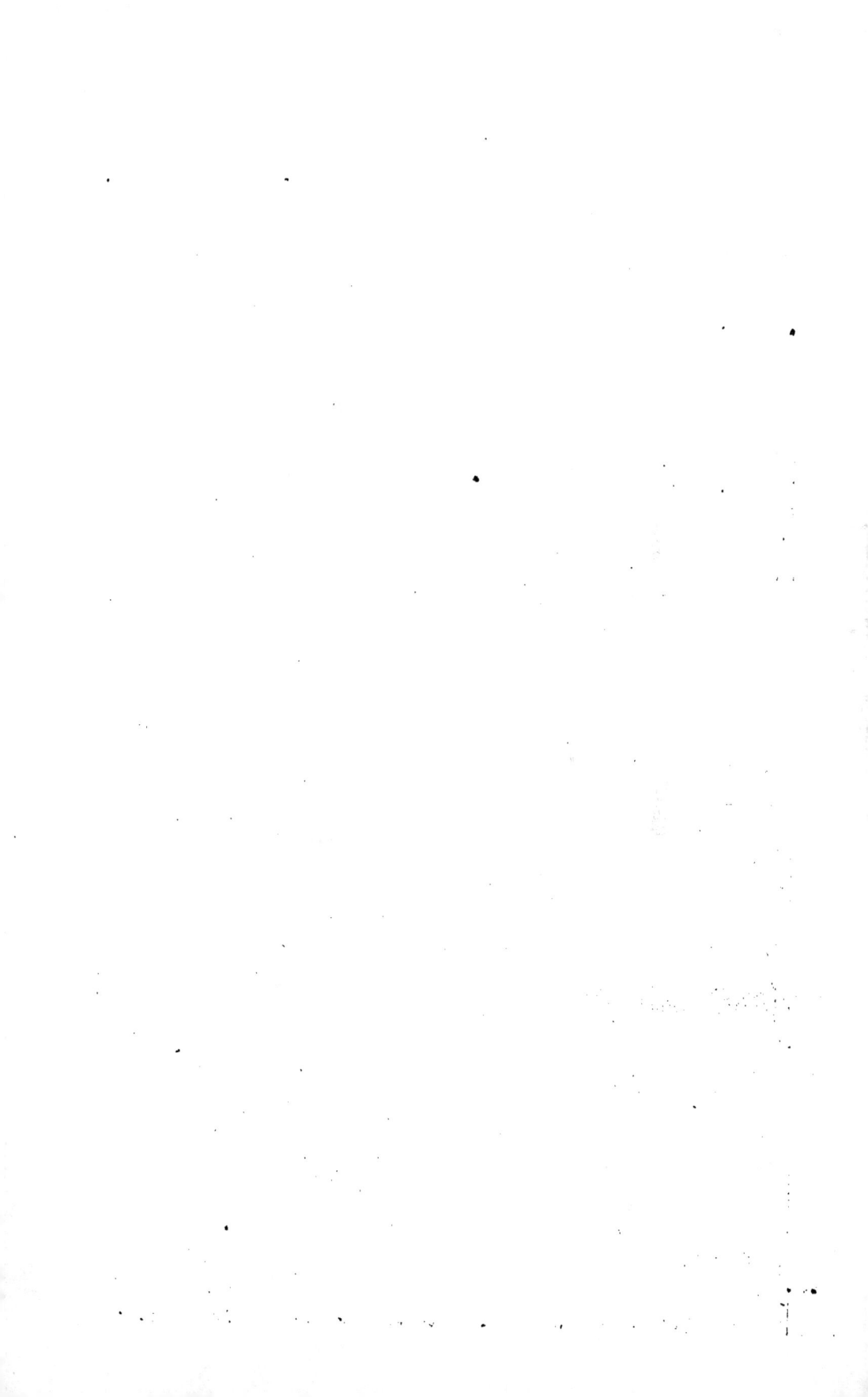

moyen d'un léger effort musculaire. L'harmonie des lignes a pu y perdre, mais la précision y a gagné, et c'était là notre objectif. Malgré la flexion du membre inférieur droit, la rectitude du torse est donc absolue, ce qui était indispensable pour la justesse des mensurations. La tête est droite, le masque vertical, les yeux fixés à l'horizon.

La statue a juste un mètre de haut, du vertex à la plante des pieds. Cette proportion a été adoptée pour faciliter les comparaisons suivant la méthode des anthropologistes qui ramènent toutes les mesures prises chez des individus de taille différente à une même taille égale à 100. Il y a dans cette manière de procéder des avantages dont les artistes eux-mêmes peuvent profiter, ainsi que nous l'exposerons plus loin (pag. 92). Nous n'en n'avons pas moins laissé de côté toutes les mensurations absolues, métriques, pour ne nous servir que de mesures relatives, en prenant comme unité de mesure la hauteur de la tête, subdivisible elle-même en moitiés et en quarts.

Notre type se divise de la façon suivante (Pl. IV, V et VI) :

Ainsi que nous l'avons déjà dit, la tête est comprise sept fois et demie dans la hauteur du corps. Et la tête est divisée, en deux moitiés égales, dans sa hauteur, par un plan horizontal passant par les angles internes des yeux.

Le *tronc*, y compris la tête, mesure quatre longueurs [1] de tête. Les subdivisions correspondent à des points de repère situés à la partie antérieure et à la partie postérieure du torse. Elles sont le résultat des intersections de la surface du corps avec des plans horizontaux distants les uns des autres de la hauteur d'une tête. Il s'ensuit que, dans les mensurations au compas que l'on prend à la surface du corps, il faut tenir compte de l'obliquité plus ou moins grande de cette surface. En effet, les dimensions apparentes augmenteront avec cette obliquité, pendant que la mesure réelle, c'est-à-dire celle qui sépare les plans horizontaux équidistants, n'aura pas changé.

Le premier plan de division tangent au menton,

---

1. Nous employons indistinctement l'expression de longueur ou de hauteur pour désigner la distance qui sépare deux plans parallèles, l'un tangent au vertex, l'autre au menton, la tête se trouvant dans la position droite attribuée au modèle.

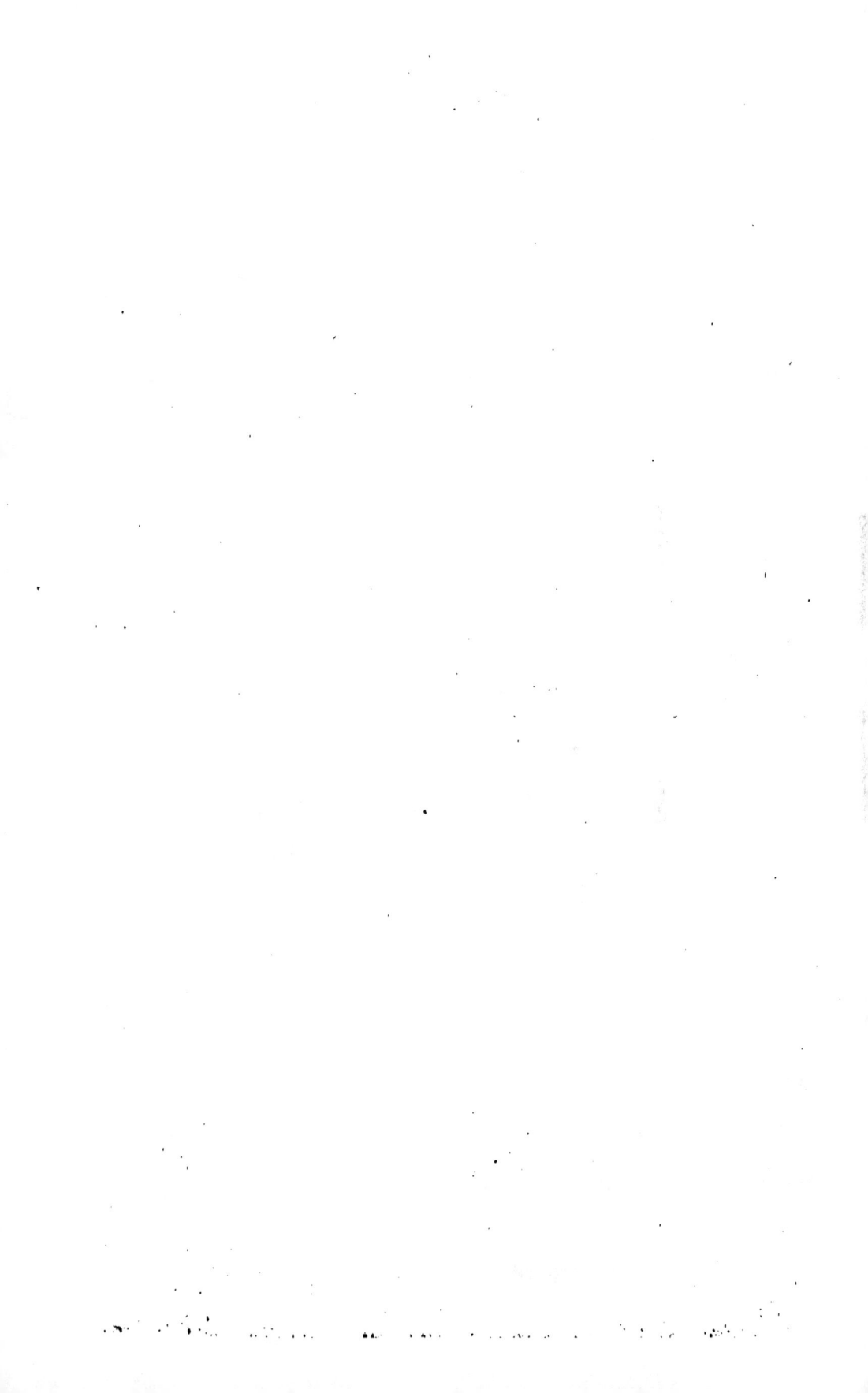

en avant, coupe la nuque, en arrière, un peu au-dessus de la saillie de la proéminente. Le deuxième correspond aux mamelons, en avant, et, en arrière, à la région dorsale un peu au-dessus de la pointe du scapulum. Le troisième est situé, en avant, aux environs du nombril, et il touche, en arrière, à la limite supérieure de la fesse. Le quatrième enfin coupe, en avant, les organes génitaux tout à leur partie inférieure, et, en arrière, il se confond avec le pli fessier.

De ces différents points de repère, trois sont situés à la partie antérieure et n'ont pas une grande fixité en raison de leur siège cutané et des variations individuelles qu'ils peuvent présenter. Ils sont néanmoins commodes et méritent d'être conservés. Mais, par contre, le point de repère postérieur qui limite le torse inférieurement, le *pli fessier*, est de la plus grande importance en raison de sa fixité. Nous avons, en effet, exposé ailleurs [1] comment le pli cutané qui borde la fesse, par en bas, n'est pas dû au relief

1. *Anatomie artistique*, pag. 191.

naturellement variable du muscle de grand fessier, mais qu'il est fixé directement au squelette et qu'il est occasionné par des trousseaux fibreux spéciaux se rendant de la face profonde de la peau à l'ischion.

Nous pouvons, en outre, relever à la partie antérieure du torse d'autres points de repère, ceux-là fixes également parce qu'ils appartiennent au squelette (Pl. IV). Ainsi, l'épine iliaque antérieure et supérieure est située à un quart de tête au-dessous de la troisième division qui passe par le nombril ou, si l'on aime mieux, à trois quarts de tête de la limite inférieure du torse. De l'épine iliaque, nous mesurons deux têtes, en direction verticale, jusqu'à la clavicule, et aussi du même point à la fourchette sternale, en direction oblique.

Il s'ensuit que la clavicule est située à un quart de tête au-dessous du plan du menton et que le creux sternal, situé un peu plus bas, en est distant d'un tiers de tête environ : ce qui est la hauteur du cou mesuré en avant.

Nous avons vu que le tronc, y compris la tête, mesure quatre longueurs de tête, du vertex au pli fessier. Le membre inférieur mesure également

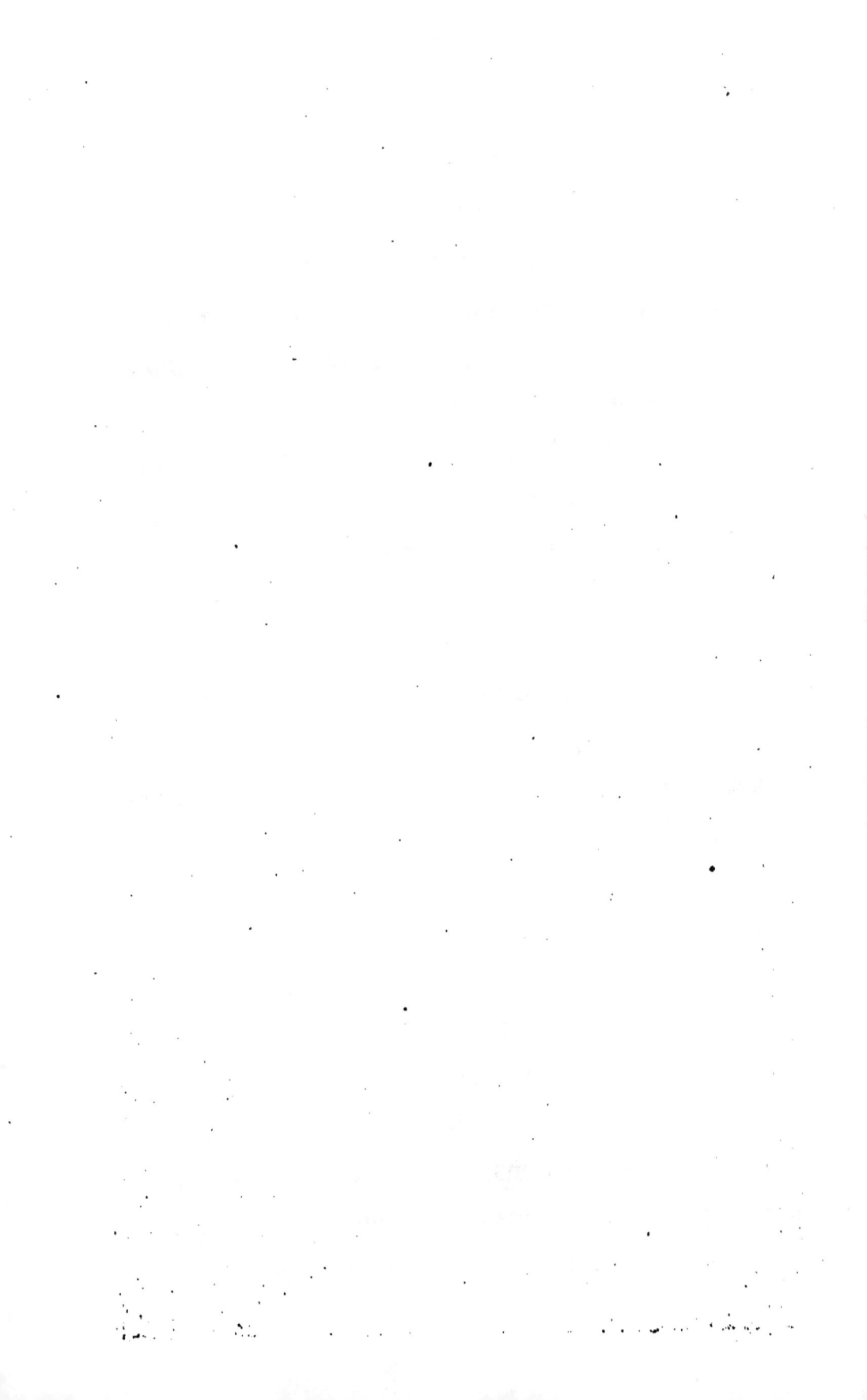

quatre têtes, du sol jusqu'au pli de l'aine, en sa partie médiane qui répond, dans la profondeur, à l'articulation de la hanche. Mais, comme on peut le voir (Pl. IV et Pl. VI), ces deux mesures, tronc et membre inférieur, chevauchent l'une sur l'autre d'une demi-tête. D'où il suit que la hauteur totale de la figure n'est que de sept têtes et demie et que le milieu de la figure correspond juste au centre de la partie commune, c'est-à-dire à mi-distance de la limite inférieure du tronc et de la limite supérieure du membre inférieur, à un point qui est situé à la racine des organes.

Les subdivisions du membre inférieur se répartissent ainsi :

Du sol à l'interligne articulaire du genou, deux têtes.

De ce point à un travers de doigt au-dessus du grand trochanter, à la hauteur du milieu du pli de l'aine, deux têtes également.

Ces points de repère, interligne articulaire du genou et grand trochanter, m'ont paru précieux parce qu'ils appartiennent au squelette et qu'ils peuvent être utilisés aussi bien sur le membre

fléchi que sur le membre étendu. Dans l'extension, la face interne du genou, soulevée en saillie
par les deux tubérosités contiguës du fémur et du
tibia, se trouve quelquefois divisée par une légère
dépression linéaire transversale correspondant à
l'interligne articulaire. Lorsque cette dépression
n'est point visible, elle est toujours facilement
appréciable au toucher. Elle est située juste au
niveau du sommet ou extrémité inférieure de la
rotule, à la condition toutefois que les muscles de
la cuisse soient dans le relâchement. Dans la
flexion du membre, le point de rencontre des
deux os, fémur et tibia, est encore plus facile à
reconnaître, et apparaîtra surtout avec une grande
évidence sur la face externe du genou. Il n'y a
pas lieu d'insister ici sur ces détails de morpho-
logie, quelle que soit leur importance. On les trouvera, d'ailleurs, exposés tout au long dans l'ouvrage
spécial que j'ai consacré aux formes extérieures
du corps humain [1]. Quant au grand trochanter, il
est toujours facilement appréciable puisqu'il est
sous-cutané; mais sa face externe, la seule acces-

1. Voy. *Anatomie artistique*, 2e partie.

sible, est large et ses limites ne sont pas toujours faciles à déterminer avec précision. Il y a donc tout avantage à reporter le point de repère au-dessus de lui, à l'endroit où les téguments s'enfoncent sous la pression du doigt.

Que le membre inférieur soit fléchi, comme sur le côté droit de notre canon, ou qu'il reste étendu comme sur le côté gauche, ces points de repère gardent toute leur valeur, et les deux segments du membre pourront être mesurés de la même façon et présenteront les mêmes dimensions. Pour la cuisse, la chose va de soi, puisque les points de repère, dessus du grand trochanter et face inférieure des condyles, appartiennent au même os, le fémur. Il faut toutefois, dans les mensurations qui portent sur le membre fléchi, avoir soin, du côté du genou, de tenir compte de l'épaisseur de la rotule qui vient exactement s'appliquer sur la trochlée fémorale. Dans la mesure de la jambe prise de la limite supérieure du tibia (interligne articulaire du genou) à la plante du pied, il sera toujours facile de faire la part des altérations qui peuvent résulter des diverses attitudes du pied.

Vu par sa face postérieure et par sa face interne, le membre inférieur mesure trois têtes et demie du sol au pli fessier, et à très peu de distance du périnée (Pl. IV).

Le centre de la rotule occupe le milieu de l'espace compris entre l'épine iliaque et le sol. Mais cette mesure n'est vraie que dans l'extension complète du torse sur la cuisse. En effet, la flexion de l'articulation de la hanche a pour résultat de rapprocher, proportionnellement à son degré, l'épine iliaque de la rotule.

Très employée par les artistes, cette dernière mesure peut être comptée différemment, et la rotule tout entière comprise alternativement dans la mensuration de la cuisse et dans celle de la jambe. C'est ainsi que la cuisse mesurée de l'épine iliaque *au-dessous* de la rotule est égale, cela va sans dire, à la jambe mesurée du *dessus* de la rotule au sol. Mais voilà le point intéressant : cette nouvelle mesure peut s'appliquer au torse, et elle égale la hauteur du torse de la fourchette sternale au-dessus du pubis.

Le membre supérieur, dans sa totalité, devrait

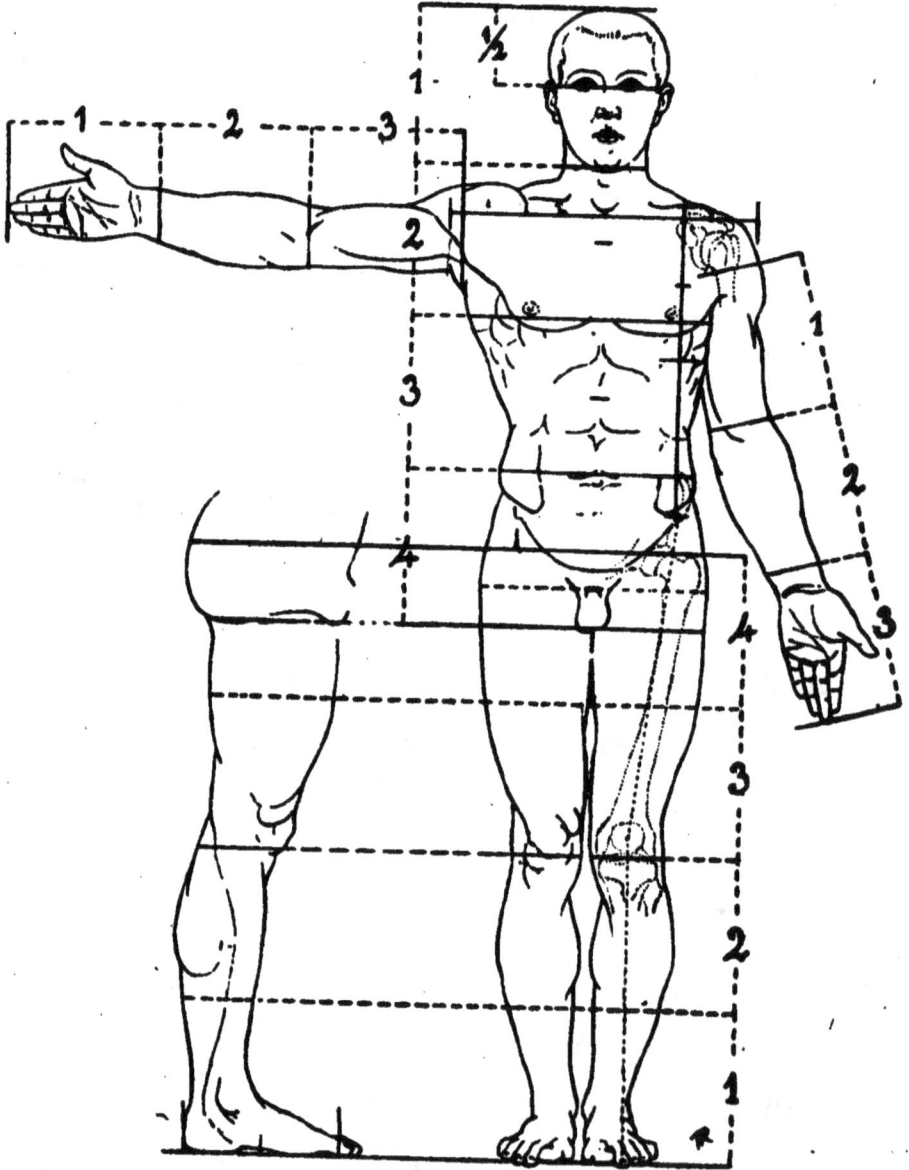

PL. IV. — Canon de 7 têtes 1/2. (Type moyen.)
(*Vue antérieure.*)

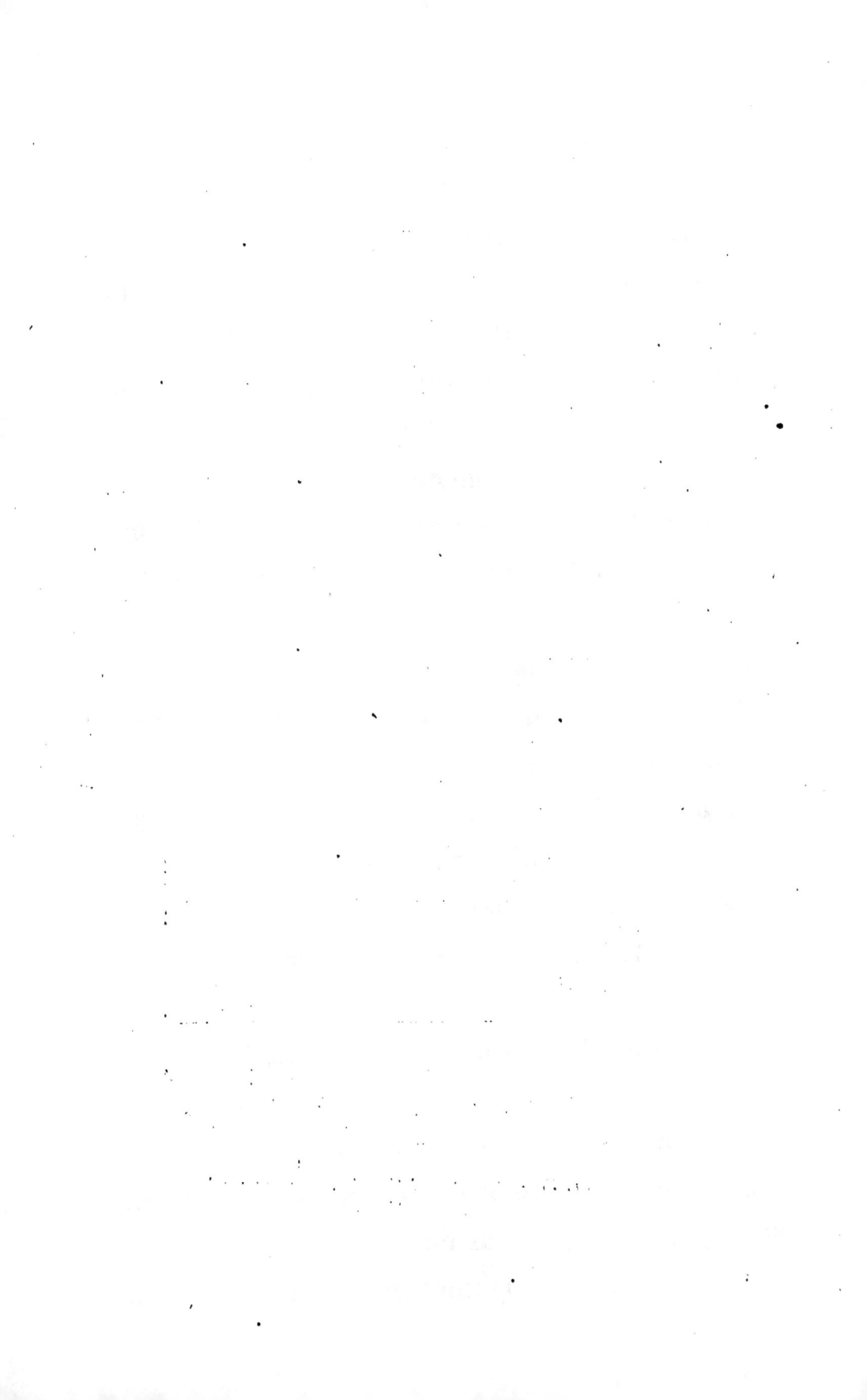

être mesuré du sommet de l'acromion à l'extrémité du doigt médius. Mais cette mesure pour être exacte exigerait la subdivision de notre module (la hauteur de la tête) en des fractions incommodes et que nous avons tenu à éviter.

C'est ainsi que le membre supérieur de notre type compte, mesuré de cette façon, plus de trois têtes et pas tout à fait trois têtes et demie. Si l'on veut se contenter d'un à peu près, cette dernière mesure peut à la rigueur suffire. Mais comme nous prétendons à plus de précision, nous proposons de mesurer le membre d'une autre façon.

Si nous enlevons, par exemple, la longueur du doigt médius, ce qui, sur le modèle, s'obtient facilement en lui faisant fermer le poing, nous constatons que le membre supérieur ainsi raccourci, compte exactement trois têtes, du dessus de l'acromion au-dessous de la tête du troisième métacarpien. D'où il suit que la longueur du médius est inférieure à une demi-tête, puisque le membre, dans sa totalité, ne doit pas atteindre trois têtes et demie, ainsi que je viens de le dire.

Si pour mesurer le membre dans sa totalité,

nous prenons notre point de départ en bas, à l'extrémité du médius, au lieu de le prendre comme tout à l'heure, en haut, à l'acromion, nous constatons que la mesure de trois têtes remonte jusqu'au fond du creux de l'aisselle, en un point qui correspond, dans la profondeur, à la partie inférieure de l'articulation scapulo-humérale et qui nécessairement se trouve séparé du dessus de l'acromion par une longueur de moins d'une demi-tête, longueur égale à celle que nous avons trouvée par en bas, c'est-à-dire égale à celle du doigt médius.

Pour ce qui est des subdivisions du membre supérieur, nous les compterons en commençant par le bas. La première tête comprend la main et le poignet, la main à elle seule dépassant un peu trois quarts de tête. Le milieu de cette première subdivision correspond, sur le dos de la main, à un point situé juste au-dessus de la tête du troisième métacarpien. D'où il suit que le doigt médius augmenté de la tête de ce troisième métacarpien, sur laquelle il repose, égale une demi-tête.

Cette mesure peut se prendre facilement en faisant fléchir légèrement le médius à sa racine

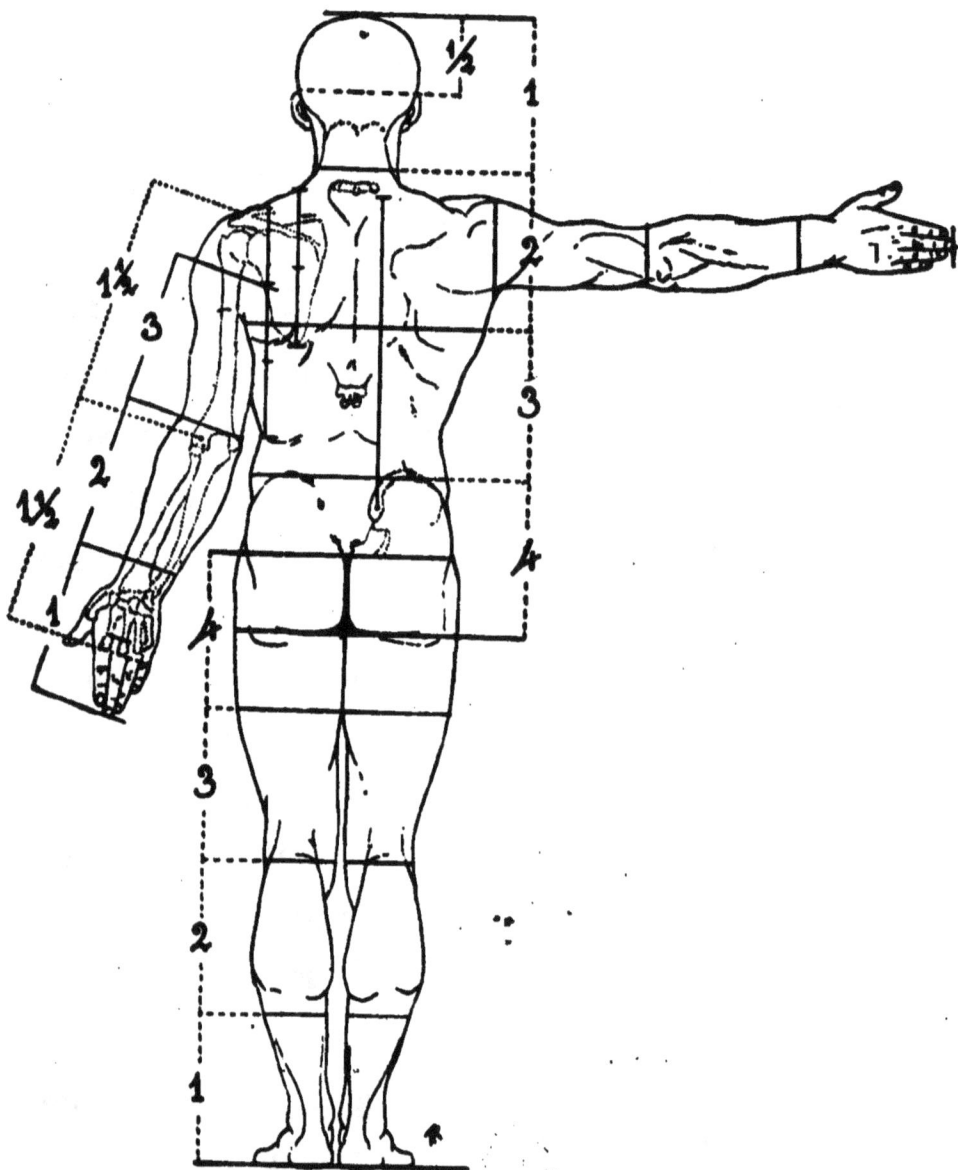

PL. V. — Canon de 7 têtes 1/2. (Type moyen.)
(Vue postérieure.)

comme sur la main droite de notre canon (Pl. I, II et III). D'où il résulte également que la hauteur de la tête du troisième métacarpien, ou, si l'on veut, ce qui revient au même, son diamètre antéro-postérieur, est juste ce qui manque au membre supérieur pour atteindre trois têtes et demie.

La seconde tête commençant au poignet aboutit, en avant, au-dessus du pli de la saignée et, en arrière, au-dessus de la saillie olécrânienne (Pl. IV et V). Ce point de repère postérieur est précis, et comme il ne répond pas au sommet de l'olécrâne mais au-dessus, il en résulte que cette mesure peut être facilement prise le coude fléchi à angle droit. Ainsi l'avant-bras et la main ont pour mesure deux têtes, comme la jambe y compris la hauteur du pied, comme la cuisse mesurée de l'interligne articulaire du genou au-dessus du grand trochanter.

La troisième tête comprend le bras mesuré de la limite de l'avant-bras ci-dessus indiquée, au fond de l'aisselle.

Je ferai remarquer que la limite supérieure de l'avant-bras dépasse le pli de la saignée d'une longueur qui peut être considérée comme égale à celle qui manque au membre supérieur pour atteindre trois têtes et demie, c'est-à-dire égale à la hauteur de la tête du troisième métacarpien. D'où il résulte que de l'acromion au pli de la saignée on mesure une tête et demie ; on trouve également une tête et demie de ce dernier point jusqu'à l'articulation métacarpo-phalangienne (interligne articulaire) du doigt médius. Et c'est ainsi que nous retrouvons la mesure de trois têtes assignée en commençant au membre supérieur diminué du doigt médius et mesuré du dessus de l'acromion au-dessous de la tête du troisième métacarpien. La saignée occupe juste le milieu de cette distance (Pl. V).

Mais c'est surtout en arrière que cette mesure acquiert de l'importance, le point de repère de la saignée étant remplacé par un point plus fixe emprunté au squelette, le point condylien[1]. C'est ainsi que du dessus de l'acromion au point condylien on mesure une tête et demie, et également une tête et demie de ce point au milieu de l'articulation métacarpo-phalangienne du médius (Pl. VI). Cette éga-

1. Ce point répond à l'épicondyle, et est situé au fond d'une dépression cutanée constante, la dépression condylienne. Voy. *Anatomie artist.*, pag. 212.

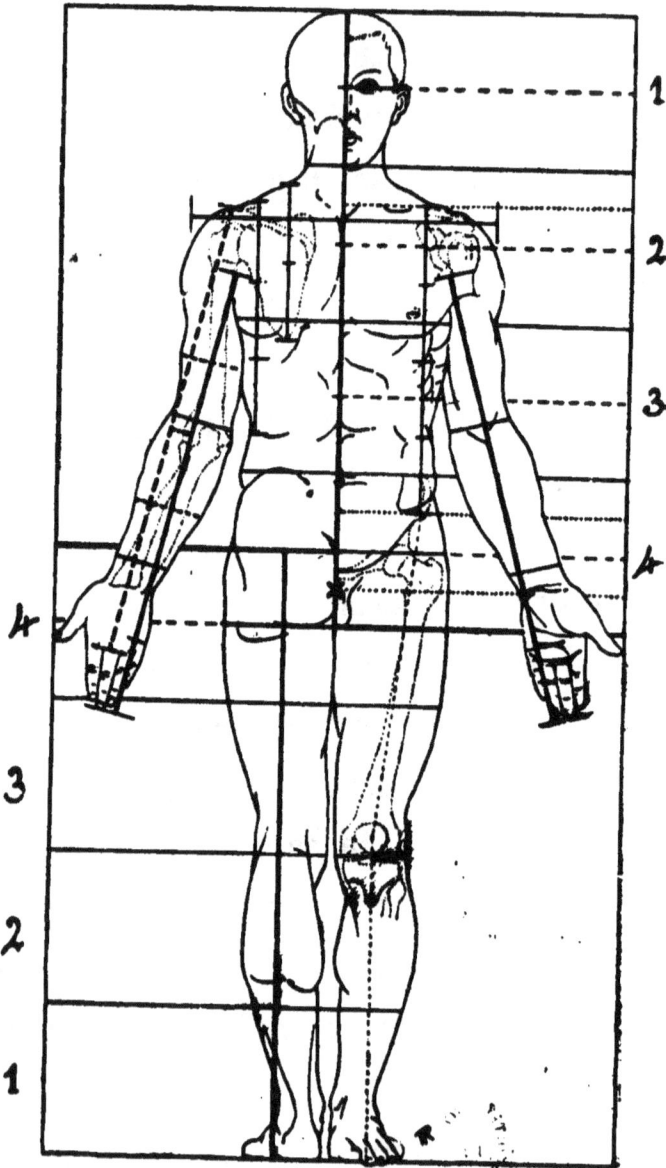

PL. VI. — Canon de 7 têtes 1/2. (Type moyen.)
(*Vue antérieure et vue postérieure réunies.*)

lité des deux segments du membre supérieur ainsi mesuré a été donnée par Léonard de Vinci, et elle est souvent rappelée dans les cours et dans les ateliers; mais on a l'habitude de prendre, comme point de repère médian, le sommet de l'olécrâne. Je préfère de beaucoup le point condylien situé à la même hauteur dans l'extension du coude, parce que l'exactitude de cette mesure persiste dans la flexion du membre aussi bien que dans l'extension, ainsi qu'on peut le constater sur le membre supérieur droit de notre sujet (Pl. III), ce qui n'a pas lieu avec le point olécrânien. Dans la flexion du coude, en effet, le sommet de l'olécrâne descend augmentant la longueur du bras, tandis que le point condylien appartenant à l'humérus ne change pas de place. Je ferai toutefois observer que si, du côté du coude, la cause d'erreur se trouve supprimée, il faut tenir compte, dans les mouvements du membre supérieur, des déplacements du squelette résultant du jeu de l'articulation scapulo-humérale, aussi bien que de celui de l'articulation du poignet.

Les principales mesures de largeur du tronc sont les suivantes :

La plus grande largeur des épaules n'atteint pas tout à fait deux têtes ;

La distance qui sépare les deux fossettes sous-claviculaires égale une tête ;

La largeur de la poitrine au niveau de l'aisselle est d'une tête et demie ;

L'intervalle qui sépare les deux tétons mesure moins d'une tête ;

Enfin le diamètre bi-trochantérien ou la plus grande largeur des hanches est de une tête et demie à peine.

Je résumerai ce qui précède dans le tableau suivant (Pl. VII).

La tête est comprise sept fois et demie dans la hauteur de la taille.

La hauteur de la tête est divisée en deux parties égales par la ligne des yeux ; le doigt médius augmenté de la tête du troisième métacarpien égale une demi-tête.

Le milieu de la figure répond à la racine des organes génitaux.

Le tronc mesure quatre têtes du vertex au pli fessier.

Le membre inférieur mesure également quatre têtes du dessus du grand trochanter, ou du milieu du pli de l'aine, au sol.

Le membre supérieur mesure un peu moins de trois têtes et demie du dessus de l'acromion à l'extrémité du doigt médius, ou exactement trois têtes du même point à l'interligne articulaire de l'articulation métacarpo-phalangienne du médius, ou bien de l'extrémité du médius au fond de l'aisselle.

La distance de l'acromion au point condylien égale la distance de ce dernier point au milieu de l'articulation métacarpo-phalangienne du médius, égale aussi la plus grande largeur des hanches et mesure une tête et demie.

La mesure de deux têtes est commune : à la jambe y compris la hauteur du pied et mesurée de l'interligne articulaire du genou au sol ; à la cuisse mesurée de l'interligne articulaire du genou au grand trochanter ; à l'avant-bras, y compris la main, mesuré du dessus de l'olécrâne à l'extrémité du médius ; au torse mesuré de l'épine iliaque à la clavicule ou à la fourchette sternale. Enfin la plus grande largeur des épaules atteint à peine deux têtes.

La distance de l'épine iliaque au-dessous de la rotule égale la distance du dessus de la rotule au sol, égale aussi la hauteur du torse en avant de la fourchette sternale au-dessus du pubis

La longueur du pied dépasse une tête d'un septième environ.

Il nous reste maintenant à justifier ce que nous disions en commençant sur les caractères scientifiques de ce canon, et il nous suffira pour cela de le comparer aux statistiques obtenues par les anthropologistes.

Nous avons réuni dans un même tableau les mensurations prises sur notre canon et celles que le Dr Topinard [1] assigne à l'homme européen adulte dans son canon que nous pouvons considérer comme résumant, sur ce sujet, l'état actuel de la science. Il a été composé, en effet, avec un soin scrupuleux, en dehors de toute idée artistique préconçue et en mettant à contribution tous les travaux

1. *Éléments d'anthropologie générale*, 1885.

Pl. VII.

FIG. 1. — Parties du corps ayant une tête comme commune mesure.

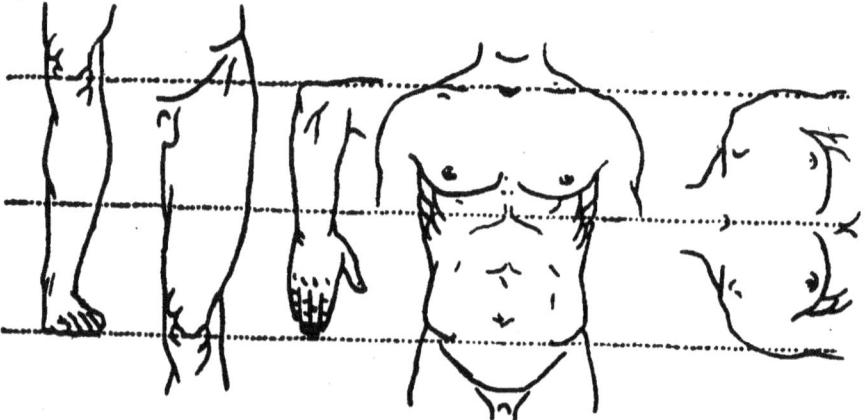

FIG. 2. — Parties du corps ayant deux têtes comme commune mesure.

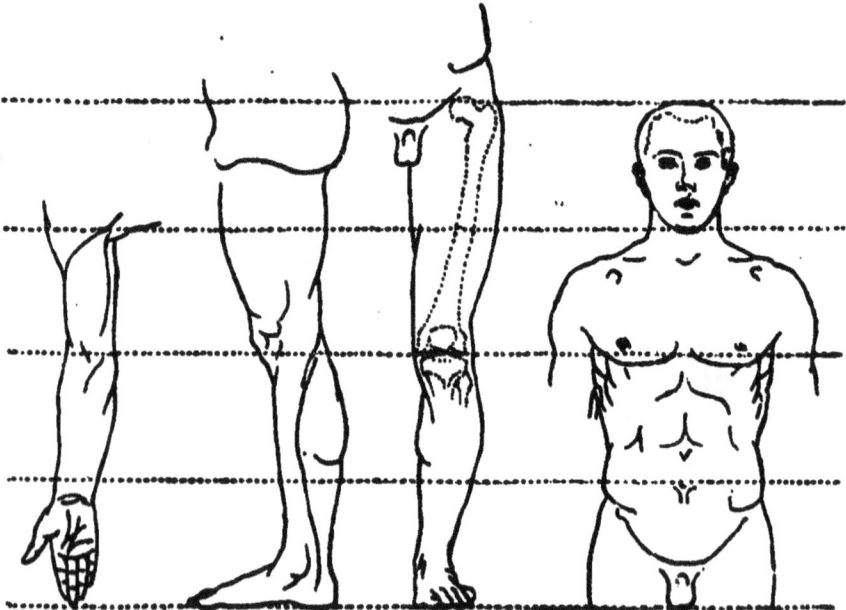

FIG. 3. — Parties du corps ayant trois et quatre têtes comme commune mesure.

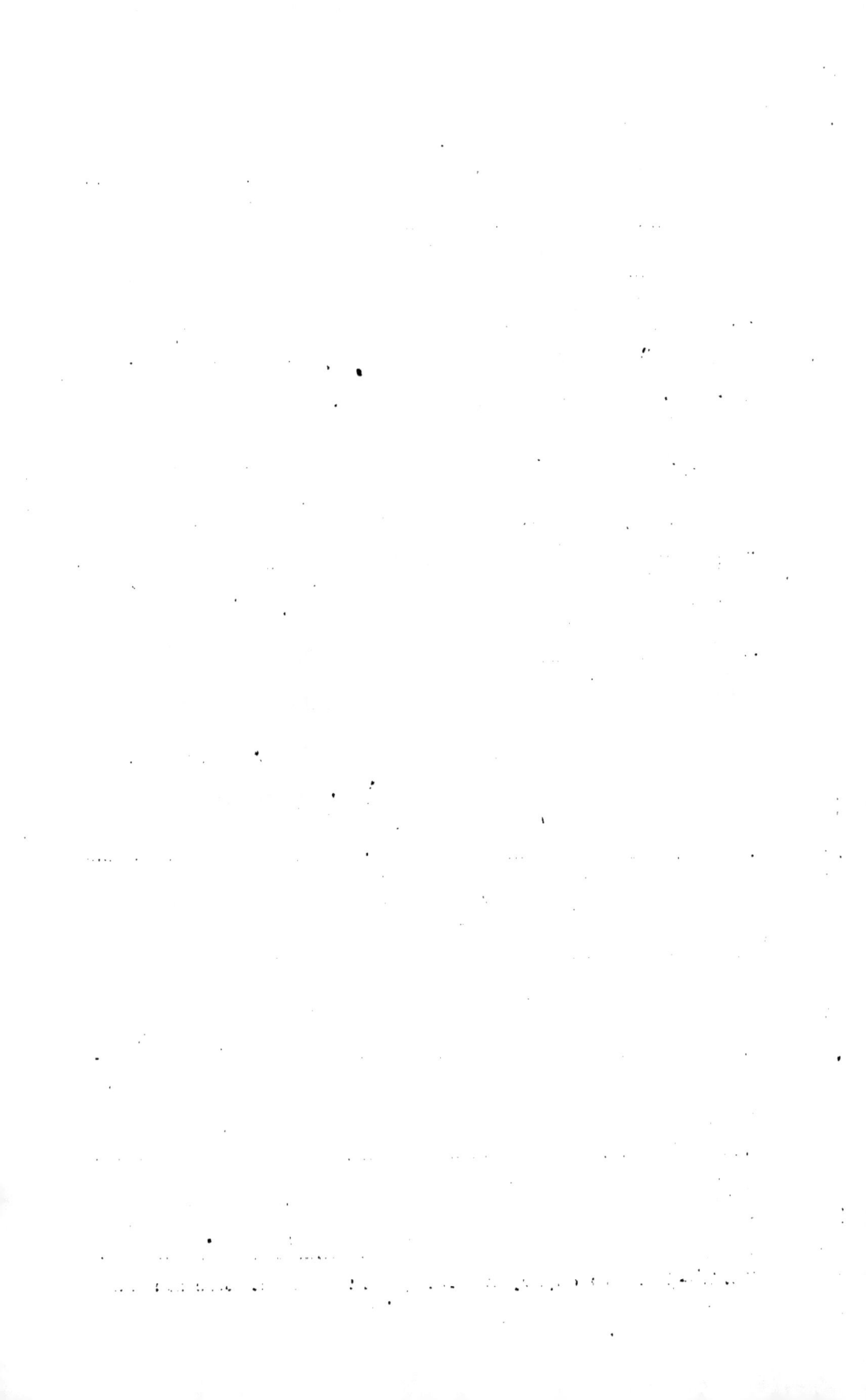

parus jusqu'à ce jour offrant les meilleures garanties de précision et d'authenticité.

Nous avons ajouté quelques mesures empruntées an canon déjà plus ancien d'un anthropologiste belge éminent, Quételet. Ce canon, bien que d'une valeur moins absolue et d'un intérêt plus local puisqu'il repose sur un petit nombre de cas, tous empruntés à la nationalité belge, nous a néanmoins été utile parce qu'il contient certaines mesures négligées par le canon du Dr Topinard, dont il ne s'éloigne pas d'ailleurs beaucoup pour le reste. Il donne en effet pour les mensurations du torse et du membre inférieur des points de repère que nous retrouvons facilement sur notre canon, tandis que le procédé du Dr Topinard qui mesure la longueur du torse chez l'homme assis, excellent sur le vivant, était pour nous inapplicable. Nous avons rappelé, en outre, quelques chiffres des remarquables statistiques américaines [1] qui portent sur un si grand nombre d'observations.

1. B.-A. Gould, *Investigations*, de New-York 1869, et J.-H. Baxter, *Statistiques anthropologiques*, 2e vol., Washington, 1875.

	Richer.	Topinard.	Quételet.	Statistiques américaines.
Tête. Vertex à menton	13.3	13.3	13.6	
Cou. Menton à fossette sternale.....	4.3	4.2		
Tronc. Vertex à pli fessier..........	53.2		53.6	
— Fossette stern. à pli fessier.	35.9			
— Fossette stern. à siège		35.0		
— 7e cervicale à périnée.......	38.9			38.9
— Diamètre bi-acromial			23.4	
— — bi-huméral........	24.0	23.0		24.3
— — bi-iliaque	17.6	16.9		
— — bi-trochantérien...	19.3	18.8	19.3	
Membre inf. Siège à sol.............		47.3		
— Pli fessier à sol.........	46.5		46.4	
— Trochanter à sol	52.0	52.5	52.0	
— Périnée à sol...........	47.8		47.9	
Jambe. Interligne art. genou à sol...	26.6			
— Genou (centre) à sol.........		27.5		
— Malléole à sol	4.5	4.5		
— Hauteur de la rotule........	3.3			
Cuisse. Interl. art. gen. à pli fessier.	19.9			
— Pli fessier à rotule.........			18	
— Siège à genou (centre)		20		
Membre sup. Acromion à olécrâne...	19.9	19.5	19.8	
— — à point épicondylien	19.9			
— Olécrâne à styloïde.....	14.0	14.0		
— — à naissance de la main.............	14.4		14.4	
— Main	11.3	11.5	11.3	
Grande envergure.................	104.5	104.4		
Hauteur de l'ombilic	59.7	60.0		
Hauteur du pubis	51.5	50.5	50.7	

On voit d'après ce tableau que les plus grandes ressemblances existent entre notre canon et celui du D' Topinard. Quelques mesures sont identiques. D'autres ne diffèrent que de quelques millièmes. Les seules divergences dignes d'être notées résident dans les diamètres transverses du tronc, sensiblement plus forts sur notre type que dans celui du Dʳ Topinard. Nous nous rapprochons sur ce point des chiffres donnés par Quételet et de ceux empruntés aux statistiques américaines. Nous signalerons aussi la hauteur du pubis, plus élevée chez nous. Mais ce point n'a pas une grande importance si l'on songe que le pubis offre une certaine surface qui, à moins d'indications spéciales, enlève aux mensurations un peu de leur précision. C'est juste en son milieu que nous avons fait porter nos mesures.

En résumé, nous nous croyons autorisé à conclure que l'approximation de notre canon artistique avec le canon scientifique est suffisante, et qu'il peut être considéré par les artistes comme l'expression très approchée de la réalité [1].

1. Pendant l'impression de cet ouvrage, M. A. Bertillon, chef du service d'identification à la préfecture de police, nous communique fort obligeamment son très intéressant mémoire sur « les lois mathématiques de l'anthropologie en général, et plus spécialement du signalement anthropométrique » encore inédit, et dans lequel il consacre un curieux chapitre au canon artistique. Je ne saurais entrer ici dans la discussion des idées ingénieuses et originales qu'il émet, mais je ne puis m'empêcher de signaler la concordance parfaite qui existe entre notre canon et les mensurations de M. Bertillon qui

La proportion de sept têtes et demie, conforme, ainsi que nous venons de le voir, aux données de la science, a d'ailleurs été adoptée par les artistes dans plusieurs de leurs canons dont nous rappellerons ici quelques-uns des plus connus.

Le canon donné par Ch. Blanc dans sa *Grammaire des arts du dessin*, comme étant en usage dans les écoles, mesure sept têtes et demie.

« On divise la face en trois parties : la première contient le front, la seconde le nez, la troisième la bouche et le menton. Le visage a de la sorte trois longueurs de nez. Le corps humain ayant dix faces ou trente longueurs de nez, on répartit ces longueurs comme il suit :

« Depuis le sommet du crâne jusqu'à la naissance des cheveux, un tiers de face ou un nez; depuis la naissance des cheveux jusqu'à l'extrémité du menton, trois nez ou une face.

peuvent lui être appliquées. Les observations de M. Bertillon portent sur 4000 sujets parisiens de 21 à 44 ans. Les mensurations relevées sont au nombre de 12, parmi lesquelles les 3 seules que nous pouvons utiliser, la taille, le médius et la coudée, sont dans des proportions relatives absolument conformes à celles de notre canon. C'est ainsi que, pour M. Bertillon le médius est compris 4 fois dans la coudée et 15 fois dans la taille. Or, on se rappelle que pour nous le médius est compris 2 fois dans la hauteur de la tête, et que la coudée égale 2 têtes et la taille 7 têtes et demie.

« Depuis le menton jusqu'à la fossette du cou, entre les clavicules, deux tiers de face ou deux nez;

« De la fossette du cou au bas des pectoraux, une face; des pectoraux au nombril, une face; du nombril au pénil, une face;

« Du pénil au genou, deux faces; le genou contient une demi-face; du bas du genou au cou-de-pied, deux faces; du cou-de-pied au sol, une demi-face.

« Total, dix faces ou trente longueurs de nez.

« L'homme étendant les bras est, de l'extrémité de la main droite à l'extrémité de la main gauche, aussi large que long.

« La plus grande largeur des épaules est le quart de toute la figure, et la plus grande largeur des hanches est le cinquième[1]. »

Ce canon n'est en somme qu'une altération du canon de J. Cousin dont nous parlerons plus loin. Il est d'ailleurs incomplet puisque les mesures des membres supérieurs n'y sont pas données. Si l'on veut en faire usage, il faut remonter à la source et

1. *Gr. des Arts du dessin*, pag. 41.

prendre les proportions du bras du canon de J. Cousin. Mais ce dernier canon ayant huit têtes de hauteur, les membres supérieurs ne sauraient convenir à une figure de sept têtes et demie, et sont alors manifestement trop longs. D'autre part, l'égalité donnée entre la grande envergure et la taille, suivant la tradition artistique, suppose, au contraire, des membres supérieurs trop courts. Nous avons vu que la science, tout au moins pour les proportions de l'homme moyen, n'a point confirmé ce rapport qui remonte jusqu'à Vitruve, et que la grande envergure n'égale point la taille, mais la dépasse sensiblement.

Si l'on veut se donner la peine de construire un type sur les mesures du canon de Ch. Blanc, on constatera facilement que, comparé au nôtre, le cou est trop long, et cela surtout aux dépens du torse également raccourci par en bas.

Je ne citerai le canon de Lomazzo que parce qu'il a été remis récemment en honneur. Il mesure dix faces ou sept têtes et demie. Il suffit de jeter un coup d'œil sur la figure qu'en donne l'auteur pour constater combien il s'éloigne de la nature. Le milieu du corps est bien placé, mais le cou est trop long, le torse trop court et surtout les jambes beaucoup trop longues relativement aux cuisses. Les proportions les plus variées se trouvent dans la nature et certainement il n'y a rien d'invraisemblable à supposer que les rapports déduits du canon de Ch. Blanc, cou long et torse court, puissent se rencontrer chez quelques individus. Mais les proportions du membre inférieur de Lomazzo dépassent les limites du possible, et ne peuvent guère se rencontrer qu'à titre de difformité.

Le canon de son compatriote Chrysostome Martinez, qui mesure également sept têtes et demie, nous semble de beaucoup préférable. Il reproduit d'ailleurs presque exactement les mesures de hauteur du canon de Ch. Blanc. Il n'y a d'exception que pour le genou placé un peu plus bas dans le canon de Martinez.

Je signalerai, pour terminer cette courte revue, deux essais d'auteurs modernes, M. Ch. Rochet, statuaire distingué, et M. le colonel Duhousset, bien connu par ses études sur le cheval aujourd'hui classiques.

Le canon de M. Ch. Rochet[1] malgré ses porpor-
tions de huit têtes doit être rapproché de notre
type de sept têtes et demie. La hauteur de huit
têtes n'est atteinte, en effet, que grâce à un artifice
qui consiste à placer les pieds du sujet sur un plan
incliné qui en abaisse la pointe. Il en résulte, pour
les dimensions du membre inférieur et particulièrement de la jambe, une assez grande incertitude,
outre que des mesures prises dans une attitude
aussi peu naturelle ne peuvent guère servir dans la
pratique[2].

Les points de repère des membres inférieurs
manquent donc de précision. Quant à la moitié
supérieure de l'individu, torse et membres supérieurs, elle reproduit à très peu de chose près les
proportions du canon de huit têtes de J. Cousin.

M. le colonel Duhousset[3] a été conduit à s'occuper
des proportions du corps humain par le désir de

1. *Le prototype humain*, par Ch. Rochet, 1884.
2. C'est ainsi que, dans les dessins de l'auteur lui-même, il est aisé
de relever des incertitudes. Par exemple la jambe dessinée page 29,
par la position du talon, donne au type la proportion de sept têtes
deux tiers, pendant que celle de la page 32 répond à la proportion
de sept têtes et demie.
3. *Revue d'anthropologie*, 3ᵉ série, t. IV, 1889, pag. 365, et *Gazette
des beaux-arts*, 3ᵉ période, t. III, pag. 59.

déterminer exactement les dimensions du cavalier
relativement à sa monture. Il a donné un type de
proportions qui rappelle un certain nombre de rapports simples entre les diverses parties du corps,
rapports faciles à retenir, empruntés pour la plupart
aux anciens canons artistiques; ce type s'éloigne
peu du nôtre. Il en diffère cependant par le torse
un peu plus court, et, la différence de longueur por-
tant sur ses deux extrémités, il en résulte que,
comme dans le canon de Ch. Blanc, le cou est un
peu plus long et aussi les membres inférieurs. Les
membres supérieurs sont semblables.

M. le colonel Duhousset n'a pas recherché d'ailleurs à subdiviser le corps et ses différents segments au moyen de la hauteur de la tête prise
comme unité de mesure. Nous signalerons néanmoins, en raison de leur intérêt, les principaux
points relevés par l'auteur.

Comme dans le canon de Ch. Blanc le torse se subdivise, du creux sternal au pubis, en trois segments
égaux chacun à une face ou trois quarts de tête.

Le membre supérieur rappelle l'égalité déjà
signalée par Léonard de Vinci. La distance qui

sépare l'acromion de l'extrémité des métacarpiens est divisée par le coude en deux parties égales, et chacune de ces parties a pour mesure deux faces, or deux faces égalent une tête et demie qui est la mesure que nous avons adoptée.

Les mensurations d'après le palme, retrouvées par M. Guillaume sur le doryphore de Polyclète, peuvent également s'appliquer au canon du colonel Duhousset. On trouve six fois le palme (le palme mesure quatre travers de doigt) dans la hauteur de la jambe, six fois depuis le dessus de la rotule jusqu'au nombril; six fois de ce point au bas du lobe de l'oreille ou mieux du trou auditif; six fois de l'attache du col au bas de la région pubienne...

Mais la mesure vraiment originale que nous présente ce canon consiste dans la « hauteur prise du sol à ligne articulaire du genou (limite du tibia, au-dessous des rotules); puis, à partir du tibia, cette même longueur se trouve égaler le fémur depuis sa base jusqu'à son point extrême, duquel on peut la reporter une troisième fois pour atteindre la four-chette sternale à la jonction des clavicules ».

Les deux premières égalités se retrouvent sur

notre canon avec cette différence que notre mesure du sol à l'interligne articulaire est légèrement plus courte et égale exactement à deux longueurs de tête. Quant à la troisième égalité, celle qui répond au torse, elle ne s'applique plus à notre type dont le torse la dépasse. D'ailleurs les exemples tirés des antiques, sur lesquels s'appuie M. Duhousset pour la justifier, ne nous paraissent pas absolument probants. Car ces mesures sont prises sur des statues qui toutes sont dans l'attitude souvent fort accentuée de la station hanchée, et une des conséquences de cette attitude est la diminution constante de la hauteur du torse mesurée suivant le procédé de M. Duhousset.

CANON DE HUIT TÊTES

(TYPE HÉROÏQUE)

Conformément à ce que nous avons fait pour l'homme de sept têtes et demie, nous avons cherché, dans la construction de notre type de huit têtes, à nous rapprocher autant que possible de la réalité. Ainsi que je l'ai déjà dit, ces proportions bien que rares peuvent se rencontrer dans la nature, et elles s'appliquent alors aux hommes de haute stature atteignant ou dépassant 1 m. 78.

Une première question à résoudre est la suivante. Les proportions sont-elles les mêmes chez les individus de haute taille que chez ceux de taille inférieure. Autrement dit, les proportions varient-elles avec la taille, ou bien les grands squelettes ne sont-ils que de petits squelettes amplifiés? La réponse ne saurait être douteuse. Il est, en effet, d'observation vulgaire, que la tête ne change guère de volume malgré la taille et que les hommes petits ont relativement la tête plus forte. Les proportions varient donc avec la taille. Mais la difficulté est plus grande lorsqu'il s'agit d'établir dans quel sens se font les variations des autres parties du corps. L'élévation de la taille est-elle due à un accroissement relatif du tronc ou des membres inférieurs? Individuellement, on observe, à ce propos, les plus grandes variations. On voit de petits hommes qui ont le torse court et des hommes grands qui ont le torse long. Dans certaines familles, ces variétés de conformation paraissent héréditaires[1]. D'autre part, que deviennent les membres supérieurs? dans les hautes tailles sont-ils proportionnellement plus longs ou plus courts? Sur ce dernier point nous constatons quelques variations dans les résultats auxquels sont arrivés les différents auteurs.

Il faut d'abord mettre hors de question les proportions de la tête qui est, manifestement et d'un accord unanime, plus forte en proportion dans les

1. Hamy (communication orale).

petites tailles, et par suite, plus petite dans les grandes.

L'accord règne également au sujet des proportions relatives du tronc et des membres inférieurs, le tronc devenant plus court et le membre inférieur plus long dans les grandes tailles. Mais il y a divergence sur les proportions du membre supérieur. M. Collignon, par exemple, le fait plus court dans les grandes tailles, M. Topinard plus long, et M. Sappey tient le milieu avec deux séries de mesures, l'une dans laquelle le membre supérieur est plus court et l'autre dans laquelle il est plus long.

Peut-on déduire de la connaissance de la grande envergure quelques conséquences qui puissent aider à la solution de la question. Par exemple, que devient la grande envergure, par rapport à la taille, chez les gens de haute stature? Le carré des anciens qui est une erreur quand il s'agit de la taille moyenne, ainsi que nous l'avons vu, ne serait-il point une vérité pour ce qui est des grandes tailles? Les statistiques de M. A. Bertillon permettent, à peu de chose près, de répondre par l'affirmative. Nous y voyons, en effet, que plus la taille s'élève, plus l'écart entre la taille et la grande envergure diminue. C'est ainsi que pour la taille de 165 la grande envergure est de 169, tandis que pour la taille de 184, elle est de 185.

Pour nous résumer, nous dirons que la tête et le torse diminuent avec la taille, pendant que les membres inférieurs augmentent. Quant aux membres supérieurs, en nous appuyant sur les résultats que donnent la grande envergure, nous acceptons l'opinion des auteurs qui pensent que, comme la tête et le torse, ils diminuent avec la taille, et nous nous rallions, pour ce qui est des grandes tailles, à l'ancienne formule artistique de l'homme inscrit dans le carré, c'est-à-dire considéré comme aussi haut que large les bras étendus en croix, la grande envergure égalant la taille (voy. la figure, pag. 78).

Il est bien entendu que toutes les variations de longueur, augmentations ou diminutions, des diverses parties du corps suivant la taille ne sont que relatives. En réalité, tous les segments du corps sont en mesure absolue plus grands chez l'homme de haute taille que chez l'homme petit [1], et ce n'est que relativement à la taille, que les différences s'accusent dans le sens que nous avons dit.

Notre canon de huit têtes, construit d'après les données qui précèdent, se subdivise ainsi qu'il suit (Pl. VIII) :

Le milieu de la figure est situé plus bas que dans le canon de sept têtes et demie. Au lieu de correspondre à la racine des organes, il les partage environ par le milieu.

La tête comprise huit fois dans la hauteur de tout le corps se divise comme précédemment.

Le torse mesure plus de quatre têtes du vertex au pli fessier. Les subdivisions sont à peu près les mêmes que dans le canon de sept têtes et demie, mais il faut faire observer que les parties qu'elles délimitent dans ce dernier, les dépassent un peu, par en bas, dans le canon de huit têtes. C'est ainsi que la deuxième tête finit aux tétons, la troisième au-dessus du nombril et la quatrième au milieu des

---

1. M. A. Bertillon arrive également à cette conclusion dans un article de la *Revue scientifique* du 27 avril 1889.

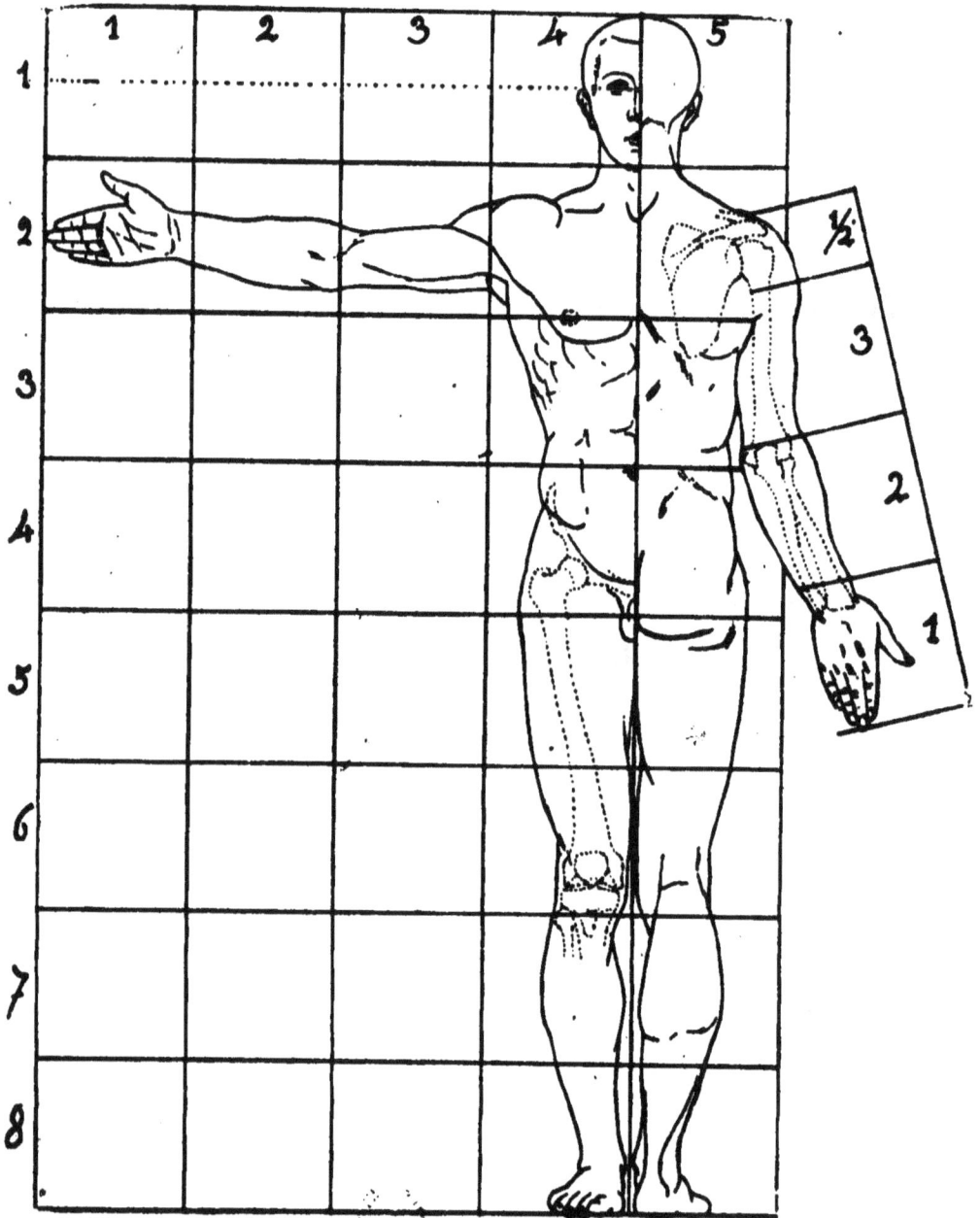

PL. VIII. — Canon de 8 têtes. (Type héroïque.)
(*Vue antérieure et vue postérieure réunies.*)

organes, en un point répondant, en arrière, à la partie inférieure de la fesse et non plus au pli fessier.

La cinquième division coupe la cuisse, la sixième se trouve au-dessous du genou, au tubercule antérieur du tibia, et la septième traverse la jambe, la huitième touchant le sol.

La jambe est donc proportionnellement plus longue que dans le canon de sept têtes et demie. Nous voyons, en effet, la mesure de deux têtes n'atteindre, du sol, qu'au tubercule antérieur du tibia, au lieu d'arriver à l'interligne articulaire du genou. Deux autres têtes mesurées du tubercule du tibia aboutissent au-dessous du grand trochanter. Il n'en est pas moins vrai que, si l'on prend la mesure de la jambe du sol à l'interligne articulaire du genou, on trouve, comme pour le canon de sept têtes et demie, que cette mesure égale la longueur de la cuisse de l'interligne articulaire au-dessus du grand trochanter.

Si les mesures du torse sont moins précises que dans le canon de sept têtes et demie, le membre supérieur comporte, par contre, une mensuration plus facile. Il mesure exactement trois têtes et demie, de la clavicule (extrémité externe) à l'extrémité du doigt médius, et ces trois têtes et demie se répartissent de la façon suivante : de la clavicule à la saignée en avant, ou à l'olécrâne en arrière, une tête et demie ; de ce point à l'extrémité du médius, deux têtes (avant-bras et main).

Les égalités du membre supérieur subsistent comme dans le canon précédent. L'olécrâne, ou le point condylien, sépare en deux parties égales la distance de l'acromion à l'articulation métacarpophalangienne du médius.

De même pour le membre inférieur. Le milieu de la rotule partage également la distance du sol à l'épine iliaque.

On trouve aussi que la longueur de la jambe, du sol au-dessus de la rotule, égale la hauteur du torse de la fourchette sternale au pubis.

Quant aux mesures de largeur du torse, elles sont à peu près celles déjà admises précédemment. La plus grande largeur des épaules égale deux têtes ou un quart de la figure. La plus grande largeur des hanches est de une tête et demie ou un cinquième de la hauteur totale. Ces mesures données

par J. Cousin sont très faciles à retenir et certainement bien proches de la réalité.

Si, pour nous résumer, nous comparons notre
canon de huit têtes à celui de sept têtes et demie,
nous voyons que le premier diffère du second surtout par les proportions des membres inférieurs
qui atteignent quatre têtes du sol au-dessous du
grand trochanter. Le point de repère médian qui
marque la mesure de deux têtes n'est pas moins
précis; au lieu d'être à l'interligne articulaire du
genou, il est au tubercule antérieur du tibia ou à
la tête du péroné située à la même hauteur.

Quant aux subdivisions du torse, elles sont à peu
près les mêmes dans les deux canons, celles du
canon de huit têtes étant un peu plus courtes et
n'atteignant pas tout à fait les repères du canon de
sept têtes et demie. Il est vrai que la précision en
souffre un peu.

Enfin dans l'un comme dans l'autre, les subdivisions du membre supérieur, d'ailleurs fort peu
différentes, comportent une égale précision.

Ce canon n'est pas éloigné de celui de J. Cousin

dont il pourrait être considéré comme une inter-
prétation plus claire et plus précise. Le canon de
J. Cousin, en effet, lorsqu'on y regarde de près,
présente quelques contradictions qui se traduisent
par le manque de concordance des figures de détail
avec les figures d'ensemble. C'est ainsi que, sur
les figures consacrées séparément au torse et aux
membres isolés, les mesures ne sont plus les
mêmes que sur la planche qui représente l'homme
tout entier.

Notre canon de huit têtes reproduit les proportions du membre supérieur de la figure d'ensemble
de J. Cousin, le même membre supérieur pré-
sentant des proportions bien moindres sur les
figures consacrées aux membres séparés. Par
contre, c'est sur ces derniers dessins que le membre inférieur est conforme à celui de notre canon,
pendant qu'il est, sur la figure d'ensemble, bien
plus long.

Quant aux subdivisions du torse, elles diffèrent
dans les deux sortes de dessins. Si nous considé-
rons le dessin consacré au torse seul, nous voyons
sa limite inférieure nettement marquée comme sur

notre canon, c'est-à-dire coupant les fesses à leur partie inférieure, notablement au-dessus du pli fessier. Mais supérieurement la délimitation est mauvaise, et la ligne qui touche aux clavicules devrait être reportée au menton, comme elle l'est d'ailleurs sur la figure d'ensemble. Mais, sur cette dernière, si les subdivisions supérieures sont bonnes, celle qui limite le torse par en bas ne l'est plus, car elle correspond juste au pli fessier, ce qui fait le torse trop court. Pour réaliser ces dernières proportions, en effet, il suffirait, par exemple, de prendre notre canon de sept têtes et demie et, sans rien changer au torse, d'allonger les membres inférieurs d'une demi-tête. Or nous avons vu que si l'accroissement de la taille se faisait surtout grâce à l'allongement des membres inférieurs, il n'en dépendait pas exclusivement. Le torse croît également, bien que dans des proportions moindres, et ce n'est que proportionnellement à la taille qu'il paraît plus court.

Le canon de Gerdy, qui a suivi à peu près les proportions de J. Cousin, présente, comme ce dernier, un torse trop court et les membres inférieurs trop

longs.Le membre supérieur, en outre, est trop court
puisqu'il ne mesure de l'acromion à l'extrémité du
médius que trois têtes au lieu de trois têtes et demie.

Le canon donné par Salvage dans son « Anatomie

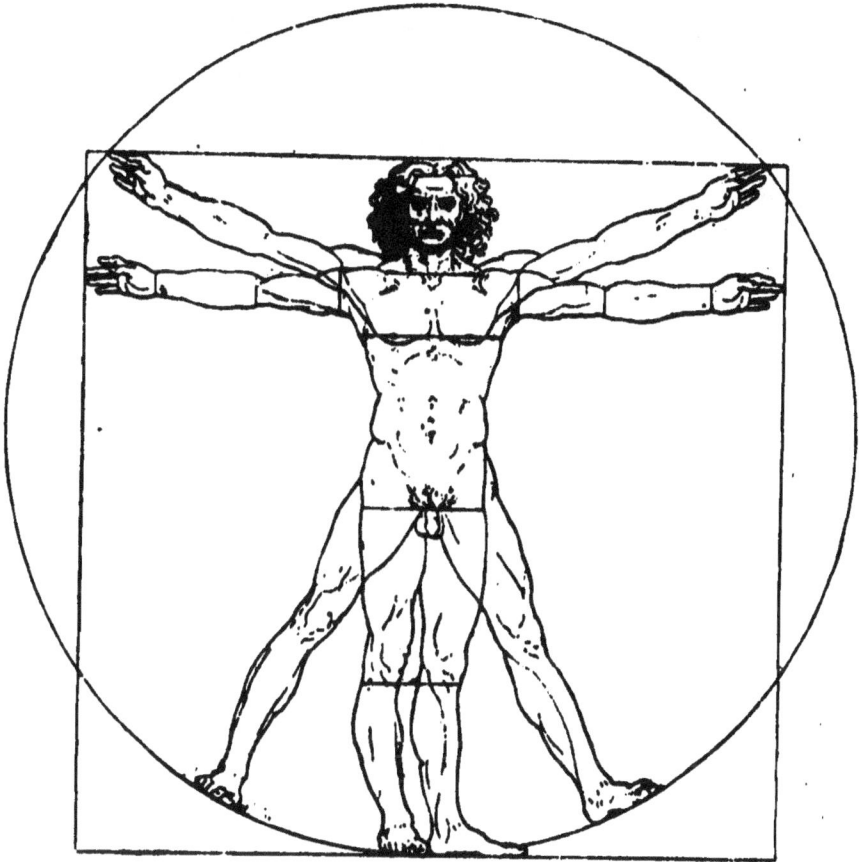

du gladiateur combattant » et qui mesure également huit têtes reproduit très exactement la proportion du torse et des membres inférieurs. Il se
rapproche d'ailleurs beaucoup du nôtre.

Notre type de huit têtes offre également de grandes analogies avec le canon de Léonard de Vinci. Dans ce dernier, le milieu du corps correspond à la racine des organes, ce qui augmente un peu le torse aux dépens de la cuisse. D'autre part, la hauteur de la jambe est bien la même dans les deux canons, elle mesure deux têtes du sol au-dessous du genou, au tubercule antérieur du tibia.

PROPORTIONS DE LA FEMME

A part des différences dans les diamètres transverses du torse, les artistes ont généralement donné à la femme les mêmes proportions qu'à l'homme. Les subdivisions du corps en hauteur sont les mêmes, les points de repère les mêmes également. Notre intention n'est pas davantage de consacrer à la femme un canon spécial. Il nous faut toutefois faire remarquer que, comparée à l'homme, les proportions qui lui conviendraient le mieux seraient celles propres aux hommes de taille moyenne ou même de petite taille. Le canon de huit têtes ne saurait donc lui être appliqué.

La taille de la femme, en effet, est moindre que celle de l'homme d'une quantité notable qui serait de 10 centimètres d'après Quételet et même de 12 d'après Topinard et Rollet.

Nous nous contenterons d'exposer ici quelques

faits qui découlent des recherches des anthropologistes et qui nous paraissent de nature à intéresser les artistes.

Il résulte des tableaux de Quételet, que, comparée à l'homme et relativement à sa hauteur totale, la femme a la tête un peu plus haute, le cou plus court, le tronc plus long, et les quatre membres plus courts. Le pied est plus petit, la main de même dimension.

D'où l'on peut conclure que la hauteur de la taille reste au-dessous des sept têtes et demie, que le milieu du corps est situé plus haut que chez l'homme et que la grande envergure plus courte se rapproche de la taille. La diminution de la grande envergure ne dépend pas seulement de la brièveté des membres, elle tient aussi à la diminution des diamètres du thorax. Chez la femme, en effet, le thorax est plus étroit dans les deux sens antéro-postérieur et transverse, sans être pour cela plus développé en hauteur.

Mais c'est surtout dans les diamètres transverses supérieur et inférieur du tronc que résident les plus grandes différences de mesure entre l'homme et la femme. Les anciens accentuaient ces différences plus que de raison et commettaient à ce propos une erreur relevée avec raison par M. le professeur M. Duval dans son *Précis d'anatomie artistique*; « chez l'homme et la femme, disaient-ils, le tronc représente un ovoïde, c'est-à-dire un ovale comparable à celui que figure un œuf, ayant un gros bout et un petit bout, mais chez l'homme cet ovoïde est à gros bout supérieur, tandis qu'il est à gros bout inférieur chez la femme. Cela revient à dire que chez la femme le diamètre des hanches l'emporte sur celui des épaules, tandis que chez l'homme c'est le diamètre des épaules qui l'emporte sur celui des hanches. Cette formule pour ce qui est de la femme est évidemment exagérée... La formule exacte, ajoute M. M. Duval, est la suivante : chez l'homme comme chez la femme, le tronc représente un ovoïde à grosse extrémité supérieure; mais tandis que chez l'homme la différence entre cette large extrémité supérieure et la petite extrémité inférieure est considérable, chez la femme cette différence est beaucoup moindre[1]. »

1. *Précis d'anatomie artistique*, par M. Duval, pag. 125.

PROPORTIONS DE L'ENFANT

LOIS DE LA CROISSANCE

Notre intention n'est point de faire ici une étude détaillée des lois du développement humain. Cette question, toute capitale qu'elle soit, est loin d'être élucidée [1].

Nous nous bornerons ici à exposer les faits principaux susceptibles d'avoir un intérêt pratique au point de vue des proportions à donner à l'enfant dans les différents âges. Chez l'enfant, en effet, les proportions ne sont point stables, elles subissent de perpétuels changements et ne sauraient être séparées des phénomènes d'évolution et de croissance qui les régissent.

1. Les renseignements les plus complets que nous possédions sur ce sujet sont ceux de Schadow (*Polyclète ou Théorie des mesures de l'homme*, Berlin, 1866), de Liharzik (*la Loi de croissance et la Structure de l'homme*, Vienne, 1858) et surtout de Quételet (*Anthropométrie*, 1871) auquel nous avons fait de nombreux emprunts.

Très rapide dans la première période de la vie, la croissance diminue au fur et à mesure des progrès de l'âge. La taille s'accroît jusqu'à trente ans chez l'homme, mais dans une très faible proportion à partir de vingt-cinq ans.

« En considérant la grandeur absolue, dit Quételet, la croissance devient d'autant moins rapide qu'on s'éloigne davantage de l'époque de la naissance. Dans la première année, le développement en hauteur est de près de 2 décimètres pour les filles comme pour les garçons; pendant la deuxième année, il se trouve réduit de moitié et ne s'élève pas à un décimètre. L'accroissement annuel est réduit au quart ou à 5 centimètres vers douze ans, et il continue à diminuer jusque vers l'âge de vingt ans, où il devient à peu près nul pour les filles; pour les hommes, il se termine un peu plus tard. »

La croissance subit toutefois des irrégularités, des temps d'arrêt sous l'influence de certaines conditions physiologiques encore mal déterminées. Il résulte d'un certain nombre d'observations régulièrement prises qu'elle s'accélère, d'une façon manifeste, aux approches de la puberté. Quant à la taille finale, c'est presque uniquement du sexe et de la race qu'elle dépend.

Quant aux autres dimensions du corps, largeur, épaisseur, elles ne subissent pas un accroissement proportionnel à l'accroissement en hauteur. Les dimensions en largeur du torse, par exemple, ne croissent pas proportionnellement à la taille, et il est constant que les individus de petite taille sont généralement plus trapus que ceux de haute stature.

Des recherches de Quételet, on peut conclure avec une approximation suffisante que l'enfant, à sa naissance, a un peu moins du tiers de la hauteur totale à laquelle il parviendra, à trois ans il a atteint la moitié de cette hauteur, vers sept ans les deux tiers et vers dix ans les trois quarts.

Mais un autre point important à connaître pour fixer les proportions de l'enfant, c'est l'accroissement relatif des diverses parties du corps aux différents âges. C'est encore dans les travaux du savant anthropologiste belge que nous trouvons les renseignements les plus précis à ce sujet.

D'une façon générale on peut dire que les parties

les plus développées au moment de la naissance sont celles qui se développent ultérieurement le moins vite. Quételet dit un peu différemment que la croissance est d'autant plus grande qu'elle s'éloigne davantage du sommet de la tête. C'est ce que démontrent, en effet, les faits observés par cet auteur, parmi lesquels les plus intéressants à relever pour nous sont les suivants :

A la naissance, la hauteur de la tête est à peu près la moitié de ce qu'elle sera après le complet développement de l'individu. La tête se développe plus en hauteur que transversalement; toutes les mesures verticales se doublent à peu près, et c'est surtout par les parties inférieures que cet accroissement s'opère. Ainsi la longueur du nez qui est de 20 millimètres à la naissance est de 49 millimètres après 18 ans. La distance de la bouche à la pointe du menton varie de 19 à 42 millimètres. Les mesures transversales ne croissent que dans la proportion de 2 à 3.

Il en résulte que l'enfant a la figure d'un ovale plus court que celui de l'adulte, et que la ligne horizontale qui divise la tête en deux parties égales, étant située, chez l'adulte, au niveau des angles internes des yeux, doit, chez l'enfant, être reportée plus haut.

Le cou croît dans les mêmes proportions que la tête.

Le tronc triple sa hauteur initiale. Le diamètre transverse du thorax est un peu plus que doublé. Le diamètre antéro-postérieur ne s'augmente que de 1 à 2,36.

La longueur du membre supérieur moins la main est doublée entre 4 et 5 ans, triplée entre 13 et 14 ans, puis quadruplée au moment du développement complet.

D'autre part, la main est doublée entre 5 et 7 ans, puis triplée à l'âge adulte.

Des os du membre supérieur, ce sont ceux de l'avant-bras qui croissent avec le plus d'intensité.

Le membre inférieur est doublé avant la troisième année, triplé à 7 ans, quadruplé à 12 ans et quintuplé à 20 ans. La cuisse acquiert 5 fois sa longueur primitive. La jambe s'accroît dans le rapport de 1 à 5,52.

Chez l'enfant comparé à l'adulte, on peut conclure de ce qui précède que tous les membres sont plus courts — ce qui donne au torse plus d'importance — et les membres inférieurs plus courts encore que les membres supérieurs.

Le milieu du corps est donc situé, chez l'enfant, bien au-dessus du point où il se trouve chez l'adulte, et sa détermination suivant les âges aidera à fixer la longueur relative des membres inférieurs et du torse.

A la naissance, le point médian du corps, dans le sens de la hauteur, est au-dessus du nombril; à 2 ans, il est au nombril; à 3 ans, sur la ligne qui joint les hanches; à 10 ans, sur celle qui joint les trochanters; et à 13 ans, au pubis. Chez l'adulte, il est situé plus bas, comme nous l'avons vu, à la naissance des organes.

Que devient, chez l'enfant, le rapport de la grande envergure à la taille? Nous savons que chez l'adulte la grande envergure dépasse la taille d'une façon notable : chez l'homme elle égale 105, chez la femme 101, la taille étant prise pour 100. Il est intéressant de noter qu'à la naissance le contraire existe. La grande envergure est moindre que la taille. Elle l'égale vers 3 et 5 ans. Et ce n'est que vers l'âge de 14 ans qu'elle s'accroît d'une manière sensible.

De la connaissance du rapport de la grande envergure à la taille, on peut déjà tirer quelques indications sur les proportions du membre supérieur. Si nous comparons ce dernier au membre inférieur, voici quelques remarques intéressantes. Vers 7 ans la longueur du bras jusqu'à l'extrémité de la main égale la hauteur de la bifurcation (périnée) au-dessus du sol. Avant cette époque, le bras est comparativement plus grand; après, il est moindre.

Relativement à la taille, voici quelles sont les proportions du pied et de la main. A partir de 5 ans, la main est le neuvième de la taille. A tous les âges, le pied forme environ 0,15 ou 0,16 de la hauteur totale prise pour unité. A 10 ans, le pied égale la hauteur de la tête. Avant 10 ans, le pied est plus court, après il est plus long.

Enfin les rapports simples de la taille à la hauteur de la tête sont les suivants :

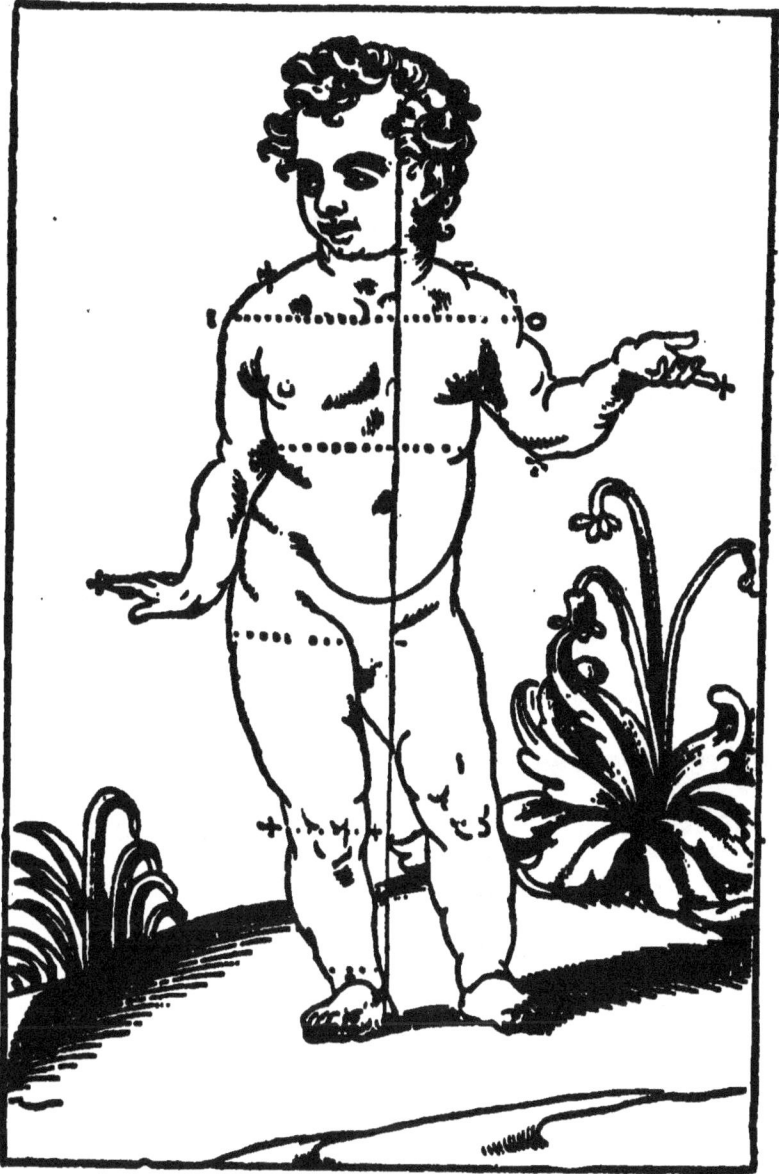

Figure de Jean Cousin.

La hauteur de la tête est comprise dans la hauteur du corps :

4 fois à 1 an;

5 fois à 4 ans;

6 fois à 9 ans;

7 fois à la période de l'adolescence;

7 fois 1/2 chez l'adulte arrivé à son complet développement.

Nous avons pensé que les données générales qui précèdent pouvaient aider les artistes dans la représentation de l'enfance, sans qu'il soit nécessaire de leur fournir, pour chaque âge, un type déterminé de proportions.

Il est cependant un âge qui, réunissant bien les caractères propres à l'enfant, paraît avoir particulièrement attiré l'attention des maîtres, c'est l'âge de 4 à 5 ans. J. Cousin a donné, dans son livre des proportions, une figure d'un enfant de cet âge que nous reproduisons ici d'autant plus volontiers qu'elle est, à peu de chose près, conforme aux faits déduits de mensurations méthodiques et exposés plus haut. C'est ainsi que la tête est comprise 5 fois dans la hauteur du corps, ce qui, d'après ce que nous avons vu, s'observe à l'âge de 4 ans. Le milieu du corps se trouve situé au-dessous du nombril, un peu au-dessous de la ligne qui joint les hanches. La grande envergure est égale à la taille. Il nous faut néanmoins faire observer, à propos de cette dernière mesure, que, sur le dessin de J. Cousin, les membres supérieurs sont peut-être un peu longs, car l'extension du poignet qui existe sur les deux mains raccourcit la mesure prise en ligne droite et marquée par de petites croix. Enfin nous ferons également remarquer que les hauteurs relatives des diverses parties de la tête sont parfaitement observées.

APPENDICE

—

Procédé pour établir la comparaison entre un sujet quelconque et le type moyen figuré par le canon de sept têtes et demie.

Pour comparer entre eux plusieurs sujets au point de vue des proportions relatives des diverses parties du corps, un procédé très simple consiste à les considérer tous comme ayant même taille. C'est d'ailleurs la méthode adoptée par les anthropologistes qui ont l'habitude de considérer la taille comme égale à 100 et d'y rapporter toutes les mesures. C'est le motif qui nous a conduit à donner à la statue du canon la hauteur de 1 mètre ou 100 centimètres. Il suffira donc pour lui comparer un modèle quelconque de ramener par un calcul très simple toutes les mesures prises sur ce modèle à la même taille égale à 100. Ce calcul se réduit à une simple règle de trois.

Un procédé encore plus simple et surtout plus

rapide pour arriver au même résultat consiste dans l'usage d'un compas dont je me sers d'ordi-

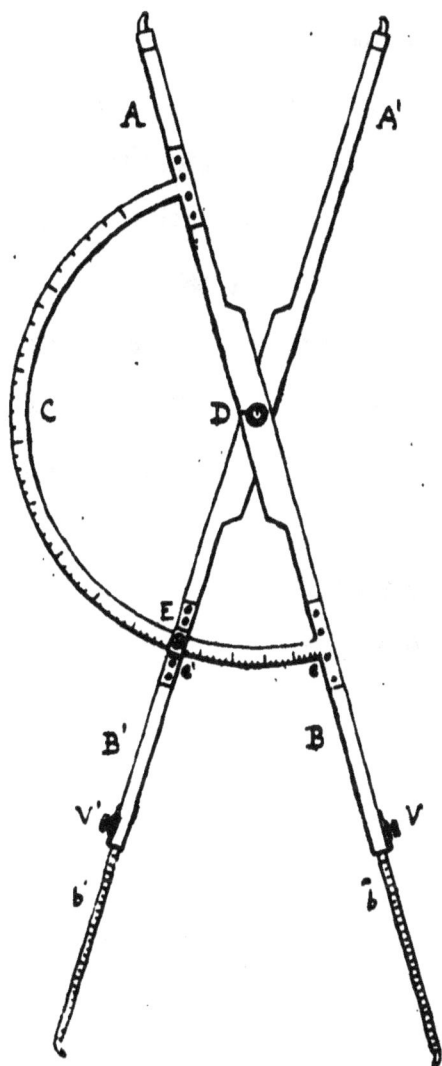

naire pour ces sortes de recherches et que j'ai fait spécialement construire. L'idée en est fort simple, elle consiste à remplacer le calcul par une construction graphique et elle repose sur la théorie des triangles semblables.

Le compas est à quatre branches en forme d'X (voy. fig. ci-contre). D'un côté, la longueur des branches est fixe, elles mesurent exactement 50 centimètres du centre d'articulation (D) à leur extrémité (A, A′). De l'autre côté, la longueur des branches (B, B′) est variable. A cet effet elles sont munies de coulisses (b, b') qui permettent de les allonger de 60 centimètres jusqu'à 98 centimètres. Il suffit de donner à ces dernières branches la longueur de la moitié de la taille du modèle à mesurer. Et toutes les mesures prises sur lui avec ces branches se trouvent du côté opposé ramenées à sa taille égale à 100. Pour chaque sujet l'instrument devra donc être réglé à nouveau. Mais une fois cette condition remplie, la comparaison de toutes les mensurations partielles deviendra on ne peut plus rapide et facile. Un demi-cercle gradué, fixé sur la branche AB, permet de lire en centimètres, en ee', l'écartement des pointes AA', grâce à une glissière E fixée sur la branche B.

TABLE DES MATIÈRES

Coulommiers. — Imp. P. BRODARD.

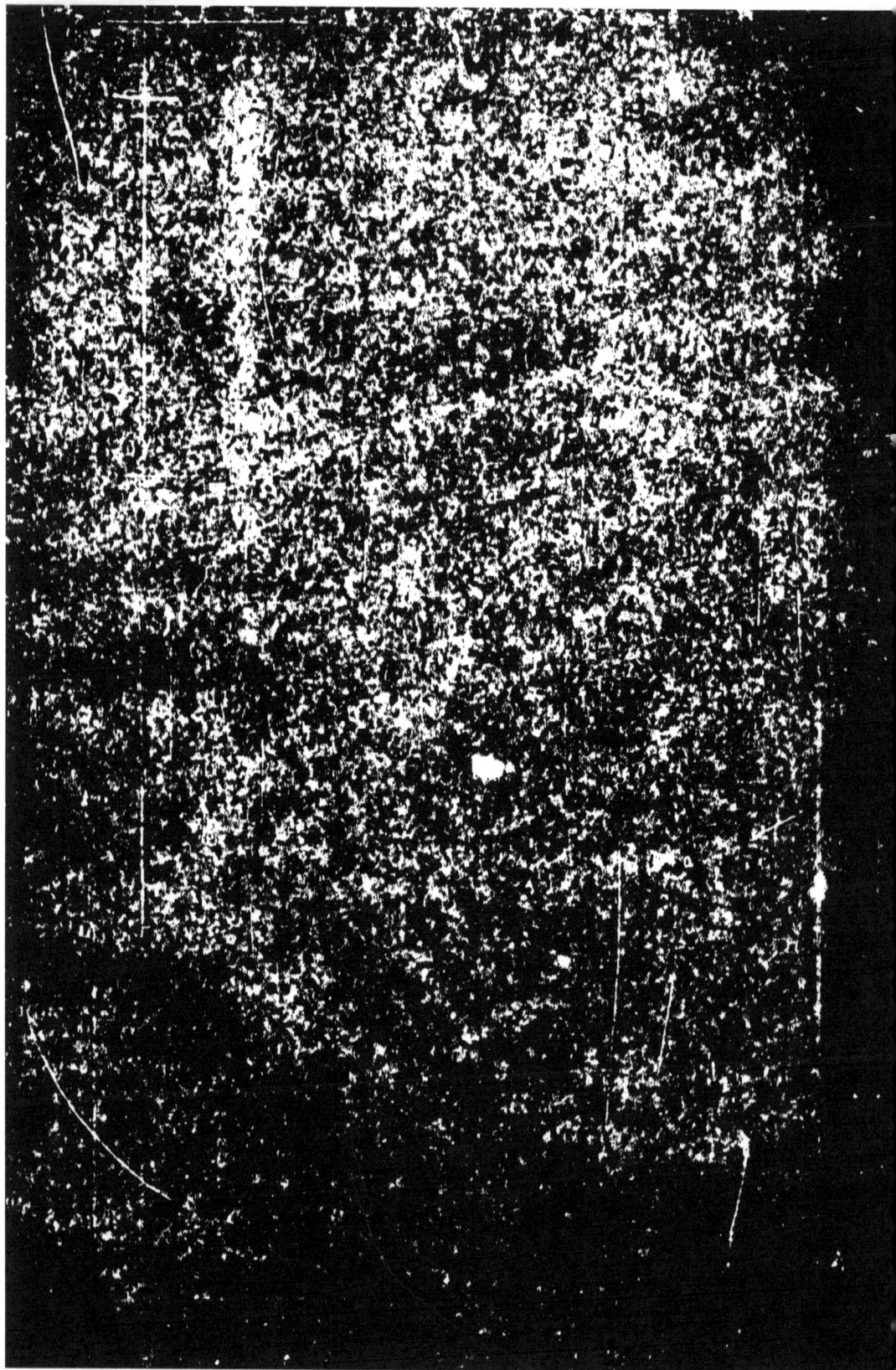

www.ingramcontent.com/pod-product-compliance
Lightning Source LLC
Chambersburg PA
CBHW071105210326
41519CB00020B/6175